K. M. PARMAR
M. R. PRAJAPATI
A. C. JATAPARA

Impacto socioeconómico de Mgnarega nos beneficiários

K. M. PARMAR
M. R. PRAJAPATI
A. C. JATAPARA

Impacto socioeconómico de Mgnarega nos beneficiários

No distrito de Banaskantha do Estado de Gujarat

ScienciaScripts

Imprint
Any brand names and product names mentioned in this book are subject to trademark, brand or patent protection and are trademarks or registered trademarks of their respective holders. The use of brand names, product names, common names, trade names, product descriptions etc. even without a particular marking in this work is in no way to be construed to mean that such names may be regarded as unrestricted in respect of trademark and brand protection legislation and could thus be used by anyone.

Cover image: www.ingimage.com

This book is a translation from the original published under ISBN 978-620-7-45825-7.

Publisher:
Sciencia Scripts
is a trademark of
Dodo Books Indian Ocean Ltd. and OmniScriptum S.R.L publishing group

120 High Road, East Finchley, London, N2 9ED, United Kingdom
Str. Armeneasca 28/1, office 1, Chisinau MD-2012, Republic of Moldova, Europe
Managing Directors: Ieva Konstantinova, Victoria Ursu
info@omniscriptum.com

Printed at: see last page
ISBN: 978-620-8-39936-8

Conteúdo

RESUMO

A Lei Nacional de Garantia do Emprego Rural de Mahatma Gandhi (MNREGA) garante pelo menos 100 dias de emprego assalariado num determinado ano financeiro a todas as famílias rurais cujos membros adultos se voluntariem para fazer trabalho manual não qualificado. Neste contexto, a MNREGA torna-se um tema de estudo interessante porque não só dá emprego aos pobres das zonas rurais como também cria activos sustentáveis e duradouros na aldeia. A lei dá poder aos trabalhadores assalariados diários para lutarem pelo seu direito a receber os salários que devem receber e não é apenas um meio de proporcionar segurança social à sua população, mas também uma oportunidade para promover o desenvolvimento geral da comunidade e alterar o equilíbrio de poder na sociedade rural.

Tendo em conta estes factos, foi realizado um estudo intitulado "**Socio-economic impact of Mahatma Gandhi National Rural Employment Guarantee Act Programme on beneficiaries in Banaskantha District of Gujarat State" (Impacto socioeconómico do programa da Lei Nacional de Garantia do Emprego Rural de Mahatma Gandhi nos beneficiários do distrito de Banaskantha do Estado de Gujarat**), com os seguintes objectivos

OBJECTIVOS

O presente estudo foi concebido com o objetivo geral de avaliar o impacto socioeconómico do MNREGA nos beneficiários. Os objectivos específicos do estudo são os seguintes

1. Estudar o perfil dos beneficiários do MNREGA
2. Desenvolver uma escala para medir a atitude dos beneficiários em relação ao MNREGA
3. Conhecer a atitude dos beneficiários em relação ao MNREGA
4. Verificar os conhecimentos dos beneficiários sobre o MNREGA
5. Estudar o impacto socioeconómico do MNREGA nos beneficiários
6. Descobrir a associação entre as caraterísticas dos beneficiários e o seu impacto socioeconómico do MNREGA
7. Identificar os condicionalismos enfrentados pelos beneficiários para beneficiarem das vantagens do programa
8. Procurar obter sugestões dos beneficiários para ultrapassar os condicionalismos que enfrentam no âmbito do MNREGA

Metodologia

Foi utilizado para o estudo um modelo de investigação ex-post facto. Foi seguida a técnica de amostragem aleatória em várias fases para a seleção do distrito, dos talukas, das aldeias e dos beneficiários. O Estado de Gujarat tem 33 distritos e, de entre estes, o distrito de Banaskantha foi selecionado propositadamente para este estudo. O distrito de Banaskantha inclui 14 talukas, das quais foram selecionadas quatro talukas, *nomeadamente* Danta, Amirgadh, Deesa e Dantiwada

propositadamente. Em seguida, foram selecionadas aleatoriamente cinco aldeias de cada taluka selecionada e dez beneficiários do MNREGA de cada aldeia selecionada, constituindo uma amostra de 200 beneficiários do MNREGA.

Para medir as variáveis selecionadas, *ou seja,* educação, casta, tipo de família, dimensão da família, ocupação, participação social, participação na extensão, motivação económica e capacidade de inovação, foram utilizadas as escalas e os índices desenvolvidos pelo investigador. As restantes variáveis, *nomeadamente* a idade, a propriedade fundiária, o rendimento anual, a fonte de informação e os conhecimentos sobre o MNREGA, foram

medidas através do desenvolvimento de calendários estruturados, elaborados para o efeito. Para medir a atitude dos beneficiários do MNREGA, foi construída uma escala de atitudes.
O impacto socioeconómico do MNREGA nos beneficiários foi a variável dependente do presente estudo. A avaliação do impacto socioeconómico foi classificada em seis aspectos: i) alteração do rendimento, ii) alteração do estatuto social, iii) alteração do padrão de despesas, iv) alteração da posse de materiais, v) alteração do hábito de poupança e vi) alteração do emprego dos beneficiários da MNREGA. A percentagem de alteração do rendimento, do estatuto social, dos padrões de despesa, da posse de material, do hábito de poupança e do emprego foi calculada através de uma fórmula. O impacto socioeconómico global do MNREGA nos beneficiários foi calculado somando a pontuação das seis dimensões do impacto socioeconómico e convertendo-a em variação percentual.
Os dados foram recolhidos com a ajuda de um calendário estruturado através de uma entrevista pessoal aos beneficiários do MNREGA. Os dados recolhidos foram codificados, classificados, tabulados e analisados com recurso a instrumentos estatísticos adequados, como a frequência, a percentagem, a média, o desvio-padrão, a correlação, a regressão múltipla, a regressão por etapas, o coeficiente de regressão parcial padrão e a análise de trajetória.

PRINCIPAIS CONCLUSÕES

1. A maioria (67,00 por cento) dos beneficiários pertencia a um grupo de meia-idade, analfabetos até ao nível primário de ensino (72,50 por cento), a um tipo de família nuclear (78,00 por cento) com uma família de dimensão média (62,00 por cento) e às categorias SC&ST (80,50 por cento). A maioria dos beneficiários (62,00 por cento) não tinha terra, 42,50 por cento dedicavam-se a actividades não qualificadas para a sua subsistência, auferiam rendimentos médios (68,00 por cento) e estavam envolvidos em trabalhos comunitários (64,00 por cento). No que diz respeito às caraterísticas de comunicação, a maioria (72,50%) dos beneficiários contactou sempre com os seus vizinhos, seguidos de 65,00 e 60,00 por cento que contactaram amigos e familiares como principal fonte de informação e tiveram um nível médio de participação na extensão (41,50%). No que diz respeito à motivação económica (46,50%), à capacidade de inovação (51,00%) e ao nível de conhecimentos sobre o MNREGA (63,00%), a maioria dos beneficiários encontrava-se na categoria média. A maioria dos beneficiários tinha uma atitude moderadamente favorável (58,00 por cento) em relação ao MNREGA.

2. O impacto socioeconómico do MNREGA nos beneficiários foi estudado em termos de alteração dos rendimentos (61,00 por cento), alteração do estatuto social (55,00 por cento), alteração do padrão de despesas (73,00 por cento), alteração dos bens materiais (45,00 por cento), alteração do hábito de poupança (52,00 por cento) e alteração do emprego (58,50 por cento), tendo-se verificado uma alteração média, respetivamente. Foi registado que (61,00 por cento) dos beneficiários pertencem a uma mudança média do impacto socioeconómico global do MNREGA nos beneficiários.

3. De entre as quinze variáveis independentes, verificou-se que a educação, o tipo de família, a dimensão da família, o rendimento anual, a ocupação, a participação social, a fonte de informação, a participação na extensão, a motivação económica, a capacidade de inovação, a atitude em relação ao MNREGA e os conhecimentos sobre o MNREGA estavam positiva e significativamente correlacionados com o impacto socioeconómico global do MNREGA nos beneficiários. Por outro lado, verificou-se que a casta e a propriedade fundiária dos beneficiários tinham uma associação negativa e significativa com o impacto socioeconómico global do MNREGA. A variável idade não conseguiu estabelecer qualquer associação significativa com o impacto socioeconómico global do MNREGA nos beneficiários.

4. A análise de regressão múltipla permitiu obter 68,00 por cento da variação total do impacto socioeconómico do MNREGA nos beneficiários através de um conjunto de 15 variáveis independentes. Das 15 variáveis, quatro variáveis, *nomeadamente* a educação, a casta, a participação na extensão e os conhecimentos, contribuíram significativamente para o impacto socioeconómico do MNREGA nos beneficiários.

5. Na análise de regressão por etapas, 66,80% da variação foi explicada pelo conjunto de variáveis, *nomeadamente* a participação na extensão, o conhecimento, a casta, a capacidade de inovação, a educação e a dimensão da família, em conjunto, sobre o impacto socioeconómico do MNREGA nos beneficiários.

6. O conhecimento foi considerado uma variável crucial importante no que diz respeito ao efeito positivo direto mais elevado. O rendimento anual exerceu o maior efeito direto negativo sobre o impacto socioeconómico do MNREGA nos beneficiários. O rendimento anual exerceu o efeito indireto total positivo mais elevado e a propriedade fundiária exerceu o efeito indireto total negativo mais elevado sobre o impacto socioeconómico do MNREGA nos beneficiários. Quanto ao efeito indireto substancial, o rendimento anual exerceu o efeito positivo mais elevado através da idade sobre o impacto socioeconómico da MNREGA nos beneficiários.

7. Os principais condicionalismos enfrentados pelos beneficiários para atingirem os seus objectivos foram os seguintes: o subsídio de desemprego não é concedido em caso de atraso no emprego, o emprego de cem dias (por agregado familiar e por ano) é demasiado reduzido na situação atual, a falta de instalações médicas perto do local de trabalho, a mesma taxa salarial é dada para todos os tipos de trabalho, o trabalho não é regular, os salários não são pagos de acordo com a lei.

8. As principais sugestões dadas pelos beneficiários foram as seguintes: disponibilização de instalações como serviços médicos, água potável e casas de banho perto do local de trabalho, prestação de trabalho contínuo, flexibilidade no horário de trabalho, pagamento atempado dos salários, concessão de 100 dias de trabalho, suspensão temporária do trabalho durante a época agrícola alta.

CAPÍTULO I

I. INTRODUÇÃO

A afirmação de Mahatma Gandhiji (A Índia vive nas suas aldeias) continua a ser verdadeira mesmo depois de muitos anos, uma vez que cerca de 60% da população do país ainda vive em zonas rurais. Gandhiji deu grande ênfase a uma aldeia autossuficiente, à descentralização dos poderes económicos e políticos e ao desenvolvimento de indústrias artesanais nas aldeias. Gandhiji acreditava no modelo de desenvolvimento do capital humano, que transfere a tónica da formação do capital físico para a formação do capital humano e do desenvolvimento industrial para o desenvolvimento rural, como base para o desenvolvimento global. O modelo de desenvolvimento do capital humano parece mais adequado para um país em desenvolvimento com excesso de mão de obra como a Índia, onde existe uma grande quantidade de recursos humanos subdesenvolvidos, com um elevado potencial de desenvolvimento. A Índia é um país de aldeias e cerca de 50% das aldeias têm condições socioeconómicas muito precárias. Um dos maiores estrangulamentos ao desenvolvimento socioeconómico tem sido a disparidade crescente de rendimentos entre os que têm e os que não têm. Desde o início da independência, foram envidados esforços para promover a condição socioeconómica das massas rurais. Nos planos quinquenais, o desenvolvimento rural é um conceito integrado de crescimento e de eliminação da pobreza. Os programas de desenvolvimento rural incluem o fornecimento de infra-estruturas de base nas zonas rurais, o aumento da produtividade agrícola, a prestação de serviços sociais como a saúde e a educação para o desenvolvimento socioeconómico e a aplicação de regimes de emprego rural.

O desenvolvimento rural implica tanto a melhoria económica das populações como uma maior transformação social. Uma maior participação das populações nos programas de desenvolvimento rural, a descentralização do planeamento, uma melhor aplicação das reformas agrárias e um maior acesso ao crédito deverão proporcionar às populações rurais melhores perspectivas de desenvolvimento económico.

Mais de 1,20 mil milhões de pessoas no mundo (incluindo 300 milhões na Índia) vivem na pobreza absoluta e não conseguem satisfazer as suas necessidades humanas mais básicas de alimentação, vestuário, abrigo e cuidados de saúde mínimos. Apesar do crescimento significativo do sector agrícola, da produção agrícola, do emprego e do desenvolvimento planeado ao longo de cinco décadas, a pobreza continua a representar um sério desafio na Índia (Singh, 2009).

O desemprego e o subemprego têm sido responsáveis pela pobreza no país desde o início. Uma redução significativa da pobreza poderia ser alcançada se houvesse um esforço determinado na distribuição do rendimento e do consumo a favor das camadas mais pobres da população. Isto exige um aumento substancial das oportunidades de emprego nas zonas rurais. Tendo em conta este facto, os governos central e estatal conceberam e executaram um grande número de programas especiais de redução da pobreza e de emprego assalariado e independente nas zonas rurais.

Num relatório recente (2013) divulgado pela Comissão de Planeamento da Índia, 25,70 por cento dos indianos vivem abaixo do limiar de pobreza, dos quais 75,00 por cento da população vive em zonas rurais. Há uma incidência crescente de analfabetismo, fé cega, pessoas famintas, crianças mal nutridas, mulheres grávidas anémicas, suicídios de agricultores, mortes por fome, migração resultante de emprego inadequado, pobreza e fracasso da produção de subsistência durante as secas. A fim de resolver estes problemas e garantir a subsistência dos desempregados rurais, o Governo da Índia promulgou a Lei Nacional de Garantia do Emprego Rural (NREGA).

MNREGA- Um pedestal para o crescimento na Índia rural. A fim de combater eficazmente a pobreza através da oferta de emprego assalariado, o Governo Central formulou a Lei Nacional de Garantia do Emprego Rural (NREGA) em 2005, uma mudança de paradigma em relação aos programas anteriores. O NREGA é um programa de emprego assalariado baseado em direitos. Shri. Jean Dreze, um economista belga que trabalha atualmente na Delhi School of Economics, é o principal arquiteto deste regime. O NREGA foi notificado em 7th de setembro de 2005. Os programas em curso Sampoorna Grameena Rozgar Yojana (SGRY) e National Food for Work Programme foram integrados no NREGA.

A Lei Nacional sobre a Garantia do Emprego Rural foi introduzida com o objetivo de colmatar esta lacuna e capacitar as populações rurais pobres, aumentando o seu poder de compra e tornando-as mais auto-suficientes. Esta lei prevê a garantia legal de um mínimo de 100 dias de emprego em cada exercício financeiro para os membros adultos de qualquer agregado familiar rural que possam efetuar trabalhos manuais não qualificados relacionados com o trabalho público, com o salário mínimo legal. O NREGA abrangeu 200 distritos na sua primeira fase, implementada em 2 de fevereiro de nd , 2006, e foi alargado a 130 distritos adicionais em 2007-2008. stnd Todas as restantes zonas rurais foram notificadas com efeitos a partir de 1 de abril de 2008 e, no espaço de um ano, a NREGA foi universalizada, passando a abranger todo o país, com exceção dos distritos com cem por cento de população urbana, e foi rapidamente baptizada com o nome de Mahatma Gandhi (em 2 de outubro de 2009) para tornar a lei mais acessível às massas, tornando-se assim a Lei Nacional de Garantia do Emprego Rural de Mahatma Gandhi (MNREGA).

Inicialmente, sete Estados da Índia pagavam salários de 100 rupias por dia ao abrigo deste regime. Em janeiro de 2009, o Governo central fixou em 100 rupias por dia o salário diário dos trabalhadores no âmbito do MNREGA, que promete pelo menos 100 dias de trabalho por ano a um membro adulto de cada agregado familiar rural. Os Estados de Haryana, Himachal Pradesh, Kerala, Mizoram, Punjab, Sikkim, Karnataka e Tripura pagaram Rs.100/- ou mais, de acordo com os dados disponibilizados pelo Departamento de Desenvolvimento Rural, Governo da Índia. Outros Estados pagaram menos de 100 rúpias. De facto, entre cinco Estados, nomeadamente Arunachal Pradesh, Jharkhand, Maharashtra, Orissa e Manipur, Maharashtra pagou apenas 66 a 72 rupias, enquanto Meghalaya e Tamil Nadu pagaram 70 rupias e 68 rupias, respetivamente. O Rajastão e o Andhra Pradesh pagaram, respetivamente, 87/- e 89/- rupias.

De acordo com o Ministério do Desenvolvimento Rural, as taxas salariais ao abrigo do MNREGA variam a nível nacional e são frequentemente inferiores a Rs.100/- porque os pagamentos são baseados na tarefa. Trata-se de um salário por peça. Os beneficiários recebem o salário em função da quantidade de trabalho que efectuam, variando o estipulado de Estado para Estado. Atualmente, o Governo de Karnataka paga um salário de 155 rupias por dia. O limiar de pobreza rural, que é de 400 rupias per capita por dia, significa que um agregado familiar médio que se encontre abaixo do limiar de pobreza (BPL) terá um rendimento de cerca de 24 000 rupias por ano ou menos, partindo do princípio de que se trata de um agregado familiar com cinco membros. Se uma família BPL obtivesse o benefício total prometido pela NREGA, poderia ganhar o equivalente a mais de 40% do seu rendimento anual apenas com este regime. Isto deve ser suficiente para perceber porque é que o NREGA não deve ser visto como apenas mais uma série de esquemas de alívio da pobreza que a Índia tem tido desde a Independência. É considerado como uma "bala de prata" para erradicar a pobreza rural e o desemprego, através da criação de procura de mão de obra produtiva nas aldeias.

A MNREGA é a primeira lei a nível internacional que garante o emprego assalariado a uma escala sem precedentes. O potencial da lei abrange uma série de possibilidades. O principal objetivo da lei é aumentar o emprego assalariado. A escolha das obras sugeridas na lei aborda a pobreza crónica através de medidas como a proteção contra a seca, a regeneração da cobertura vegetal e a conservação do solo e da água, bem como outras obras das aldeias destinadas a melhorar os bens rurais de que dispõe o gram panchayat. Deste modo, o processo de criação de emprego é mantido numa base sustentável. A lei é também um veículo importante para reforçar a descentralização e aprofundar os processos democráticos, atribuindo um papel primordial aos organismos de governação local, ou seja, às instituições panchayat raj. Por conseguinte, o MNREGA é a lei mais importante da história da política indiana em muitos aspectos, como a participação de todos os cidadãos e beneficiários a nível das bases através de um processo democrático, a auditoria social a vários níveis e o mecanismo de transparência através da participação de organizações da sociedade civil, o planeamento global a nível das aldeias para um desenvolvimento sustentável e equitativo, que está a ser controlado a vários níveis.

O gram sabha controla o trabalho a nível da aldeia, enquanto o gram panchayat controla os trabalhos executados por outras agências de execução. O panchayat intermédio e o responsável pelo programa verificam o registo dos agregados familiares, o emprego fornecido, o subsídio de desemprego pago, a auditoria social, o fluxo de fundos, o pagamento de salários, o progresso e a qualidade do trabalho. O panchayat distrital e o coordenador distrital do programa controlam todos os aspectos da execução. O governo do Estado controla o desempenho de todos os distritos. O MNREGA é supervisionado por comités de vigilância e monitorização a nível estatal e distrital, constituídos pelo Ministério do Desenvolvimento Rural. (Instituto Rural de Gandhigram, 2010).

O objetivo do MNREGA é criar bens duradouros e reforçar a base de recursos de subsistência das populações rurais pobres. Estas actividades incluem a conservação da água, a estrutura de captação de água, a proteção contra a seca, incluindo a florestação e a plantação de árvores, a plantação de produtos hortícolas, a disponibilização de instalações de irrigação e o desenvolvimento fundiário. O MNREGA constituiu uma oportunidade sem precedentes para a Índia rural, uma vez que garante um dos direitos fundamentais - o direito ao trabalho, previsto no artigo 41º da Constituição indiana. O MNREGA tem o potencial de dar um "grande empurrão" nas regiões em dificuldades da Índia. O regime prevê igualmente a proteção de todas as pessoas envolvidas na auditoria social. Os governos estaduais, por seu lado, devem assegurar que o regime funcione corretamente e de forma transparente, de modo a beneficiar plenamente as populações rurais pobres.

Este programa reduziu a migração rural-urbana, melhorou a segurança alimentar, gerou emprego com dignidade, permitiu a emancipação económica das mulheres, criou bens comunitários sustentáveis e melhorou o nível de vida dos beneficiários. Os trabalhadores do MNREGA representam os sectores da sociedade mais desfavorecidos do ponto de vista económico e social. Na sua maioria, estes trabalhadores estão mal alimentados e têm poucas possibilidades de beneficiar de cuidados de saúde. Por conseguinte, é necessário fazer convergir os programas de cuidados infantis, nutrição, saúde e educação nos sítios MNREGA.

O governo está plenamente consciente de que há margem para expandir as actividades no âmbito do MNREGA. O programa pode tornar-se um instrumento para que os indivíduos se tornem auto-suficientes e para lhes dar uma oportunidade de desenvolvimento nos seus panchayats. Contribui igualmente para melhorar a segurança alimentar e o índice de desenvolvimento humano.

O MNREGA é a primeira lei do mundo que garante emprego assalariado a uma escala sem precedentes. Por conseguinte, é diferente dos regimes governamentais anteriores. As caraterísticas especiais desta lei são

> Igualdade de salários entre homens e mulheres

> Eliminação da contratação de trabalho ou de intermediários

> Pagamento dos salários apenas através de contas bancárias e dos correios para evitar a corrupção

> Criar transparência nos papéis de registo dos trabalhadores

> Reforçar a democracia

> Incentivar a gestão dos recursos naturais

> Prevenir a migração

1.1 Declaração do problema

A lei Mahatma Gandhi National Rural Employment Guarantee Act, 2009 (MNREGA) garante 100 dias de emprego num ano financeiro a qualquer agregado familiar rural cujos membros adultos estejam dispostos a fazer trabalho manual não qualificado. A lei foi inicialmente promulgada em 200 distritos, tendo sido gradualmente alargada a outras zonas notificadas pelo Governo Central. No prazo de cinco anos após a sua adoção, a lei cobriu todo o país.

A Lei Nacional de Garantia do Emprego Rural de Mahatma Gandhi é uma "Lei do Povo" em vários sentidos. A lei foi preparada através de um vasto leque de consultas às organizações populares. Em segundo lugar, a lei dirige-se principalmente aos trabalhadores e ao seu direito fundamental a uma vida digna. Em terceiro lugar, a lei confere ao cidadão comum o poder de desempenhar um papel ativo na aplicação dos regimes de garantia de emprego através de gram sabhas, auditorias sociais, planeamento participativo e outros meios. Mais do que qualquer outra lei, o MNREGA é um ato do povo, pelo povo e para o povo.

A Lei Nacional de Garantia do Emprego Rural de Mahatma Gandhi foi promulgada principalmente para controlar a migração de jovens rurais em busca de emprego na cidade durante a época baixa. Por conseguinte, o regime é vital para a promoção das pessoas pobres e dos jovens rurais através da criação de emprego. Por conseguinte, é essencial que seja corretamente utilizado.

A análise da literatura revela que, embora alguns investigadores tenham efectuado estudos sobre o MNREGA, a maior parte deles limita-se apenas aos aspectos económicos, pelo que não são abrangentes e completos. Muito poucos se debruçaram sobre o impacto socioeconómico do MNREGA nos beneficiários. O estudo sobre o impacto socioeconómico dos beneficiários em relação ao MNREGA é essencial, uma vez que revela os factos de como as pessoas se sentem em relação ao regime e aos seus objectivos/propósitos e como ajudar a melhorar a situação das pessoas. Foi neste contexto que se pensou realizar o presente estudo sobre o impacto socioeconómico do MNREGA nos beneficiários.

Também valeria a pena estudar as diferentes caraterísticas dos beneficiários da MNREGA e a sua associação com o impacto socioeconómico, para que se possa saber quais as caraterísticas que desempenham um papel importante na alteração das condições socioeconómicas dos beneficiários da MNREGA. Além disso, os beneficiários do MNREGA enfrentam certas dificuldades/constrangimentos para usufruir dos benefícios do regime, pelo que o estudo desses constrangimentos também se torna essencial.

Tendo em conta todos os factos acima referidos, pensou-se em realizar um estudo intitulado **"Impacto socioeconómico do programa Mahatma Gandhi National Rural Employment Guarantee Act nos beneficiários do distrito de Banaskantha do Estado de Gujarat"** com os seguintes objectivos

1.2 Objectivos do estudo

1. Estudar o perfil dos beneficiários do MNREGA
2. Desenvolver uma escala para medir a atitude dos beneficiários em relação ao MNREGA
3. Conhecer a atitude dos beneficiários em relação ao MNREGA
4. Verificar os conhecimentos dos beneficiários sobre o MNREGA
5. Estudar o impacto socioeconómico do MNREGA nos beneficiários
6. Descobrir a associação entre as caraterísticas dos beneficiários e o seu impacto socioeconómico do MNREGA
7. Identificar os condicionalismos enfrentados pelos beneficiários para beneficiarem das vantagens do programa
8. Procurar obter sugestões dos beneficiários para ultrapassar os condicionalismos com que se deparam na utilização dos benefícios do programa

1.3 Importância do estudo

A avaliação dos programas governamentais é essencial para conhecer o alcance e a aceitação do programa pelo grupo-alvo. A este respeito, torna-se essencial conhecer o impacto socioeconómico e a atitude dos beneficiários em relação ao novo programa. O estudo, vis-a-vis, lançará luz sobre este aspeto. O estudo ajudará a identificar o papel significativo das caraterísticas pessoais, psicológicas e socioeconómicas dos beneficiários do MNREGA na consecução do referido objetivo do programa, moldando a sua condição socioeconómica. Além disso, será desenvolvida uma escala para medir a atitude, que também será útil para estudos semelhantes noutras áreas. Os resultados ajudarão os decisores políticos e os responsáveis pelo planeamento a conhecer a extensão dos benefícios obtidos graças ao programa e a analisar as razões do sucesso/insucesso do programa.

1.4 Formulação de hipóteses :

Tendo em conta os objectivos específicos do estudo, as hipóteses nulas foram formuladas da seguinte forma para serem testadas estatisticamente.

Ho: Não existe associação entre os atributos selecionados dos beneficiários e o seu impacto socioeconómico da MNREGA.

1.5 Limitações do estudo

1. A área do estudo restringiu-se a apenas quatro taluka viz. Danta, Amirgadh, Deesa e Dantiwada do distrito de Banaskantha do estado de Gujarat.
2. O estudo limitou-se a 200 beneficiários do MNREGA de 20 aldeias selecionadas.
3. O estudo foi realizado apenas com algumas variáveis selecionadas.
4. A objetividade do estudo foi limitada à capacidade dos beneficiários do MNREGA para recordar a ideia e à sua honestidade em fornecer as informações necessárias para o estudo.
5. O estudo baseou-se nas opiniões expressas verbalmente pelos beneficiários do MNREGA.

II. REVISÃO DA LITERATURA

Uma revisão exaustiva da literatura é uma parte essencial de qualquer investigação científica. O principal objetivo deste capítulo é apresentar os resultados de estudos de investigação anteriores relacionados com a presente investigação. Também ajuda o investigador a concluir e comparar os resultados da investigação com trabalhos de investigação anteriores para evitar duplicações. Além disso, também ajuda a clarificar alguns conceitos relativos ao estudo. Assim, para desenvolver um quadro concetual e encontrar uma conceção adequada para o estudo, foi efectuada uma revisão de estudos anteriores. A literatura analisada até à data indica claramente que foram realizados muito poucos estudos de investigação sobre o impacto socioeconómico do MNREGA nos beneficiários.

A literatura que tem uma relação direta com os diferentes aspectos do presente estudo era limitada, pelo que as referências que têm uma relação indireta foram também revistas e apresentadas por ordem crescente de anos de trabalho realizado por investigadores sociais anteriores. Este capítulo está dividido nos seguintes pontos.

2.1 Perfil dos beneficiários do MNREGA
2.2 Atitude dos beneficiários em relação ao MNREGA
2.3 Conhecimento dos beneficiários relativamente ao MNREGA
2.4 Impacto socioeconómico do MNREGA nos beneficiários
2.5 Associação entre as caraterísticas dos beneficiários e o seu impacto socioeconómico no MNREGA
2.6 Constrangimentos enfrentados pelos beneficiários do MNREGA
2.7 Sugestões para ultrapassar os condicionalismos

2.8 Perfil dos beneficiários do MNREGA

2.1.1 Idade

Pattanaik (2009), no seu estudo sobre a NREGA no distrito de Hoshiarpur, no Punjab, referiu que 25,56% e 40,00% dos jovens se encontravam na faixa etária inferior a 30 anos e entre 31 e 40 anos. 56% e 40,00% dos jovens pertenciam ao grupo etário de menos de 30 anos e de 31-40 anos. Assim, os jovens eram os maiores beneficiários do regime.

Naidu *et al.* (2010) realizaram um estudo num gram panchayat selecionado do estado de Andhra Pradesh e revelaram que, entre 85 inquiridos, 38,00 por cento tinham entre 26 e 40 anos, 40,00 por cento tinham entre 41 e 60 anos e 07,00 por cento tinham mais de 60 anos.

Shobha e Vinitha (2011) descobriram que em Peedampalli Panchayat cerca de metade (48%) das mulheres beneficiárias pertenciam ao grupo etário dos 40-60 anos, mas esta percentagem era de 42,00 no caso de Pattanam Panchayat.

Kyatanagoudar (2011), no seu estudo sobre a NREGA, mostrou que mais de metade (54,80%) dos beneficiários pertenciam ao grupo de meia-idade, seguidos dos jovens (33,70%) e dos idosos (11,50%), respetivamente.

Gulkari (2011) constatou que um pouco mais de três quartos (76,68%) dos inquiridos do NHM pertenciam ao grupo de meia-idade, seguido do grupo de idade avançada (21,66%) e do grupo de idade jovem (1,66%), respetivamente.

Pandya (2011), no seu estudo sobre o impacto socioeconómico de krushimahotshav, revelou que quase metade (47,92%) dos agricultores beneficiários pertenciam ao grupo etário mais velho, seguido do grupo etário médio (34,17%) e do grupo etário jovem (17,91%), respetivamente.

Jayanta *et al.* (2012), no seu estudo sobre o impacto do programa MGNREGA no Estado de Tripura, observou que exatamente metade (50,00 por cento) dos beneficiários se encontrava na categoria de meia-idade, seguida das categorias de idade avançada (35,83 por cento) e de idade jovem (14,17 por cento), respetivamente.

Arora *et al.* (2013) referiram que mais de metade (55,00 por cento) dos trabalhadores da MGNREGA se encontravam no grupo etário dos 30-45 anos, seguidos de 45,00 por cento no grupo etário da fertilidade, 02,20 por cento no grupo etário dos 18-29 anos e apenas 08,00 por cento dos trabalhadores tinham mais de 60 anos.

Bhandarai *et al.* (2013) revelaram que a maioria (65,00 por cento) dos beneficiários do MNREGA pertenciam ao grupo de meia-idade, seguidos dos jovens19,17 por cento e dos idosos15,83 por cento, respetivamente.

Bhuvana (2013) revelou que o máximo (38,33%) dos beneficiários do MGNREGA se encontrava no grupo etário mais jovem, seguido de 32,50% e 29,17% dos beneficiários que se encontravam no grupo etário médio e mais velho, respetivamente.

Annadurai (2014), no seu estudo em Tamil Nadu, revelou que o máximo (44,40 por cento) dos inquiridos do MGNREGA pertencia ao grupo etário de menos de 25 anos, seguido de 26,00 por cento no grupo etário de 26-30 anos, 18,00 por cento no grupo etário de 31-35 anos e 11,60 por cento no grupo etário de mais de 35 anos, respetivamente.

Sissal e Sharma (2014) revelaram que quase metade (48,00 por cento) dos beneficiários da MGNREGA se situava no grupo etário dos 40-50 anos em Doimukh Panchayat e 26,00 por cento dos beneficiários da MGNREGA se situavam no grupo etário dos 30-40 anos. A percentagem mais baixa de beneficiários do MGNREGA, 08,00 por cento, situa-se no grupo etário dos 18-30 anos. Além disso, 18,00 por cento dos beneficiários do MGNREGA de Doimukh Panchayat tinham 51 anos ou mais.

Mummulla (2015) afirmou que exatamente metade (50,00 por cento) dos beneficiários do MGNREGA pertenciam ao grupo de meia-idade e de idade avançada (39,16 por cento). O grupo etário mais baixo encontrado em ambas as aldeias foi o grupo etário jovem (10,83%).

2.1.2 Educação

Pattanaik (2009) referiu que, no distrito de Hoshiarpur, no Punjab, exatamente metade (50,00 por cento) dos beneficiários da NREGA eram analfabetos ou tinham até ao nível primário de ensino, enquanto 20,00 por cento tinham estudado até ao ensino secundário e 25,00 por cento tinham o ensino secundário ou superior.

Pandya (2011), no seu estudo sobre o impacto socioeconómico do krushimahotshav, revelou que a maioria (71,67%) dos agricultores beneficiários tinha habilitações entre o ensino primário e o superior.

Sarkar *et al.* (2011) referiram que mais de um terço (36,00 por cento) dos beneficiários do MNREGA tinham até ao ensino primário, seguidos de 26,00 por cento que tinham até ao ensino secundário. Além disso, 24,00 por cento eram analfabetos, enquanto 11,00 por cento tinham até ao ensino secundário superior e apenas 02,00 por cento tinham mais do que o ensino secundário superior.

Mrityunjay (2013) observou que a grande maioria (89,00 por cento) dos beneficiários do MGNREGA eram analfabetos, 07,70 por cento tinham concluído o ensino primário, 02,30 por cento tinham o ensino primário superior e muito menos 01,00 por cento tinham concluído o ensino secundário.

Chinnadurai (2014) realizou um estudo em dois estados e observou que o máximo (37,10%) dos beneficiários do MGNREGA eram analfabetos, seguidos de 32,80% que tinham até ao nível primário de educação e 19,10% que tinham até ao nível secundário de educação, respetivamente.

Sissal e Sharma (2014) revelaram que a maioria dos beneficiários do MGNREGA era analfabeta no círculo de estudo. Cerca de 44,00 por cento dos beneficiários eram analfabetos no círculo. Cerca de 22,00 por cento dos beneficiários tinham concluído o ensino primário. Do mesmo modo, cerca de 22% dos beneficiários também têm formação académica até ao nível secundário. O número de beneficiários com habilitações académicas superiores é muito reduzido em Doimukh Panchayat. Dos 50 beneficiários, apenas 12% estudaram até ao nível secundário superior ou mais (incluindo licenciados e pós-graduados).

Mummulla (2015) referiu que a maioria (70,83%) dos beneficiários do MGNREGA eram analfabetos, seguidos de 10,83% no ensino primário, 11,66% no ensino secundário e 06,66% no ensino superior.

2.1.3 Casta

Mathur (2007), no seu estudo, revelou que a participação das castas registadas era de 25,00 por cento, ao passo que a participação das tribos registadas no MGNREGA era de 36,00 por cento.

Kamath *et al.* (2008) referiram que a esmagadora maioria (90,50%) dos beneficiários da NREGA eram hindus, dos quais 18,00% pertenciam à casta Kurubaru. Cerca de 19,00 por cento dos inquiridos declararam que pertenciam à SC e 15,00 por cento declararam que pertenciam à ST sem fornecer pormenores sobre a casta.

Maulik (2009) observou que mais de metade dos agregados familiares que se tinham registado para a NREGA pertenciam à casta programada, 56,85%, enquanto a percentagem de outras comunidades e da tribo era de 40,04% e 03,11%, respetivamente.

Rajanna e Ramesh (2009) afirmaram que, no distrito de Karimanagar, em Andhra Pradesh, 51,60% dos inquiridos no âmbito do NREGA pertenciam a comunidades da classe mais atrasada, 46,60% dos inquiridos pertenciam à categoria SC e os restantes 01,80% pertenciam à ST e a outras comunidades.

Chhabra e Sharma (2010) revelaram no seu estudo sobre a NREGA que a participação dos grupos marginalizados na força de trabalho tem sido elevada, com 57,00 por cento em 2007-08 e 55,00 por cento até meados de agosto de 2008 (SC/ST).

Jayshree *et al.* (2010) observaram no seu estudo sobre a análise económica do MGNREGA que os trabalhadores da categoria SC eram predominantes entre os trabalhadores do MGNREGA (40,00 por cento), seguidos dos OBC (32,00 por cento).

Naidu *et al.* (2010) descobriram que, no seu estudo sobre o impacto do MGNREGA nas condições de vida dos pobres das zonas rurais, dos 85 inquiridos 38,00 por cento eram SCs, 09,00 por cento eram STs, 32,00 por cento eram OBCs e 21,00 por cento eram General em todos os quatro panchayat.

Sarkar *et al.* (2011) referiram que um pouco mais de dois quintos (40,20%) dos beneficiários do MNREGA pertenciam a uma casta catalogada, seguida da OBC (30,40%), da geral (18,30%) e da ST (12,10%), respetivamente.

Jayanta *et al.* (2012) revelaram que cerca de mais de metade (53,33%) dos beneficiários do MNREGA pertenciam aos OBC, 36,67% dos inquiridos pertenciam aos SCs/ STs e à casta geral (10,00%), respetivamente.

Bhuvana (2013) constatou que pouco mais de metade (55,00 por cento) dos beneficiários do MGNREGA pertenciam à categoria SC/ST e 22,50 por cento pertenciam à categoria OBC e à categoria geral, respetivamente.

Mrityunjay (2013) observou que, em Rajasthan, menos de metade (44,00 por cento) dos beneficiários do MGNREGA pertenciam à categoria SC, seguidos de 29,30 por cento que pertenciam à categoria de casta ST, 26,70 por cento que pertenciam à categoria OBC e muito menos 04,70 por cento que pertenciam à categoria OC, respetivamente.

Mummulla (2015) referiu que menos de metade (45,00 por cento) dos beneficiários do MGNREGA pertenciam à categoria OBC, seguidos de 40,00 por cento na categoria SC, 10,00 por cento na categoria OC e 05,00 por cento na categoria ST, respetivamente.

2.1.4 Tipo de família

Kaushal (2010), no seu estudo sobre a correlação socioeconómica do empoderamento das mulheres, referiu que dois terços dos inquiridos (66,60%) pertenciam a uma família nuclear e 34,40% pertenciam a uma família conjunta.

Badodiya *et al.* (2012) concluíram que a maioria (69,33%) dos inquiridos do SGSY tinha um tipo de família nuclear e 30,67% tinham um tipo de família conjunta.

Bhardwaj (2012) referiu que dois terços dos inquiridos dos SHGs (66,60%) pertenciam a famílias nucleares, enquanto 33,40% pertenciam a famílias conjuntas.

Bishnoi *et al.* (2012) observaram que mais de metade (56,00 por cento) dos beneficiários do MNREGA pertenciam a uma família nuclear, enquanto 44,00 por cento pertenciam a uma família conjunta.

Das (2012) afirmou que mais de metade (56,30 por cento) dos inquiridos dos SHGs pertenciam a uma família nuclear.

Bebarta (2013) realizou um estudo no bloco de Rayagada, no distrito de Gajapati, que revelou que 80,00 por cento dos inquiridos do MGNREGA pertenciam a uma família conjunta e os restantes 20,00 por cento pertenciam a uma família nuclear.

Annadurai (2014) constatou que, em Tamil Nadu, a maioria (71,20%) dos inquiridos do MGNREGP pertencia a uma família conjunta e 28,80% pertenciam a uma família nuclear entre os beneficiários do MGNREGA.

Bhati (2015) afirmou que mais de três quartos (77,00 por cento) dos inquiridos no âmbito do MNREGA pertenciam a uma família de tipo conjunto e os restantes 23,00 por cento pertenciam a uma família de tipo nuclear.

Mummulla (2015) referiu que a maioria (73,33%) dos inquiridos do MGNREGA pertence a uma família nuclear, seguida de 14,16% que pertencem a uma família alargada e apenas 12,50% dos inquiridos pertencem a um sistema familiar conjunto de ambas as aldeias, respetivamente.

2.1.5 Dimensão da família

Bhosale (2010), no seu estudo sobre a juventude rural, afirmou que a maioria (71,67%) dos beneficiários tinha uma família numerosa e os restantes 28,33% pertenciam a famílias pequenas e médias.

Jat (2010) constatou que menos de metade dos produtores de trigo (45,14%) pertencia a uma família de dimensão média (5 a 9 membros), seguida de uma família pequena (39,58%) e de uma família grande (15,28%), respetivamente.

Sarkar *et al.* (2011) referem que um pouco menos de dois terços (65,90 por cento) dos beneficiários do MNREGA tinham até 4 membros, seguidos de mais de um quarto (28,00 por cento) que tinham 5 a 7 membros e 06,10 por cento que tinham mais de 8 membros na família, respetivamente.

Das (2012) observou que quase metade dos inquiridos dos SHGs (46,80 por cento) tinha uma família de dimensão média, seguida de 27,20 por cento dos inquiridos dos SHGs que tinham uma família de dimensão pequena e 26,00 por cento dos inquiridos dos SHGs que tinham uma família de dimensão grande, respetivamente.

Bhandarai *et al.* (2013) revelaram que, em Maharashtra, 37,50 por cento dos inquiridos pertenciam a famílias pequenas, seguidos de 33,33 por cento que pertenciam a famílias médias e 29,17 por cento que pertenciam a famílias grandes entre os beneficiários do MGNREGA.

Roy *et al.* (2013) relataram que quase três quintos (58,00 por cento) dos beneficiários do MGNREGA pertenciam a famílias pequenas (até 5 membros), enquanto 42,00 por cento deles pertenciam a famílias grandes (mais de 5 membros).

Chinnadurai (2014) observou que (42,10%) dos inquiridos tinham uma família de dimensão média, seguidos de 40,20% de famílias pequenas e 17,70% de famílias grandes entre os beneficiários do MGNREGA nos estados de Tamil Nadu e Karnataka.

Bhati (2015) afirmou que exatamente três quartos (75,00 por cento) dos inquiridos do MNREGA pertenciam a famílias de grande dimensão e os restantes 25,00 por cento tinham famílias de pequena dimensão.

Mummulla (2015) referiu que a maioria (67,50 por cento) dos inquiridos do MGNREGA pertencia a uma família média, seguida de 16,66 por cento dos inquiridos que pertenciam a uma família pequena e 14,16 por cento dos inquiridos que pertenciam a famílias grandes e muito menos 01,66 por cento dos inquiridos que pertenciam a famílias muito grandes, respetivamente.

2.1.6 Exploração fundiária

Jat (2010) referiu que mais de metade (52,78%) dos produtores de trigo possuíam pequenas explorações, seguidos de 40,97% com explorações marginais e 06,25% com explorações semi-médias, respetivamente.

Kyatanagoudar (2011) revelou que a maioria (73,00 por cento) dos beneficiários do NREGS não tinha terra, seguidos de 25,90 por cento que tinham terras até 2,5 acres e 01,10 por cento que tinham 2,51 a 5 acres de terra, respetivamente.

Pandya (2011) realizou um estudo sobre o impacto socioeconómico de krushimahotshav nos beneficiários do Estado de Gujarat e constatou que quase um terço (34,17%) dos agricultores beneficiários possuía uma pequena propriedade fundiária, seguido de 30,83% de propriedades marginais, 23,33% de propriedades médias e 11,67% de propriedades grandes, respetivamente.

Bhardwaj (2012) observou que (58,70 por cento) dos inquiridos dos SHGs não tinham terra, seguidos de 31,00 por cento de posse de terra marginal e 10,30 por cento de posse de terra pequena, respetivamente.

Sinha (2013), ao realizar um estudo de avaliação do impacto da Missão Nacional de Horticultura, revelou o facto de a amostra ser constituída por 17,00 por cento de explorações marginais, 22,00 por cento de pequenas explorações, 43,00 por cento de explorações médias e 18,00 por cento de grandes explorações.

Kakkar *et al.* (2014), que realizaram um estudo sobre a Missão Nacional de Segurança Alimentar, revelaram que mais de três quintos (62,50%) dos inquiridos da amostra tinham mais de 25 acres de terra e pertenciam ao grupo dos grandes agricultores. Por outro lado, 36,00 % dos inquiridos possuíam uma propriedade média de 10-25 acres e apenas 01,67 % dos inquiridos possuía uma propriedade semi-média, ou seja, 5-10 acres.

Bhati (2015) revelou que mais de dois terços (69,00 por cento) dos beneficiários do MNREGA não tinham terra, ao passo que 24,00 por cento e 07,00 por cento possuíam uma propriedade marginal e pequena, respetivamente.

Mummulla (2015) constatou que exatamente metade (50,00 por cento) dos inquiridos do MGNREGA possuíam pequenas propriedades fundiárias, enquanto 33,33 por cento dos inquiridos possuíam propriedades fundiárias médias e 16,66 por cento dos inquiridos possuíam grandes propriedades fundiárias.

2.1.7 Rendimento anual

Sankari e Murgan (2009) referiram que dos 80 inquiridos do NREGA, nove inquiridos (11,25%) pertenciam ao grupo de rendimentos até 15.000, 35 inquiridos (43,75%) tinham rendimentos entre 15.000 e 30.000, 25 inquiridos (31,25%) pertenciam ao grupo de rendimentos entre 30.000 e 45.000 e apenas 11 inquiridos (13,75%) tinham rendimentos entre 45.000 e 60.000.

Painkra *et al.* (2010) revelaram que quase metade dos produtores de arroz (49,17%) tinha um rendimento anual até 30.000 rupias, seguido de 33,33% dos agricultores com um rendimento anual entre 30.000 e 60.000 rupias e apenas 07,50% tinham um rendimento anual superior a 60.000 rupias.

Suthar (2010) conduziu um estudo sobre o impacto sócio-económico do sistema de rega gota-a-gota entre os agricultores do estado de Gujarat e observou que mais de dois terços (69,00 por cento) dos inquiridos tinham um rendimento médio anual de Rs. 50.000 a 2.00.000.

Pandya (2011) estudou o impacto socioeconómico do krushimahotsav nos seus beneficiários e revelou que quase três quartos (74,00 por cento) dos agricultores beneficiários tinham um rendimento anual entre 50.001 e 1.00.000 rupias.

Mankar *et al.* (2013) estudaram o impacto da Missão Nacional de Horticultura nos seus beneficiários, tendo revelado no seu estudo que o número máximo de beneficiários, 55,83%, pertencia à categoria de rendimento anual entre 1,01 e 2,00 lakh e 25,83% pertenciam à categoria de rendimento anual superior a 2,00 lakh.

Bhati (2015) constatou que menos de dois quintos (37,00 por cento) dos beneficiários do MNREGA tinham um rendimento anual entre 48 001 e 66 000 rupias, seguidos de 30,00 por cento, 19,00 por cento e 12,00 por cento com 84 001 a 1 02 000 rupias, 66 001 a 84 000 rupias e até 48 000 rupias de rendimento anual, respetivamente. Apenas 2,00 por cento dos jovens rurais tinham um rendimento anual superior a 1,02,001 rupias. Assim, pode concluir-se que a maioria (86,00 por cento) dos beneficiários tinha um rendimento anual de 48 001 a 1 02 000 rupias.

Mummulla (2015) revelou que mais de metade (55,00 por cento) dos inquiridos do MGNREGA pertenciam ao grupo de rendimentos médios e mais de um quarto (25,83 por cento) dos inquiridos pertenciam ao grupo de rendimentos baixos, enquanto 10,83 por cento dos inquiridos pertenciam ao grupo de rendimentos elevados. Apenas 08,33% pertenciam ao grupo de rendimentos muito baixos.

2.1.8 Profissão

Bhosale (2010) observou que três quintos (60,00 por cento) dos produtores de arroz dependiam da agricultura juntamente com a criação de animais para a sua subsistência, enquanto 22,50 por cento e 17,50 por cento deles dependiam apenas da agricultura e da agricultura juntamente com a criação de animais com mão de obra agrícola, respetivamente.

Kyatanagoudar (2011), no seu estudo sobre a NREGA, revelou que a grande maioria (89,25%) dos beneficiários exercia uma atividade laboral, seguida da agricultura (10,75%).

Pandya (2011) estudou o impacto socioeconómico do krushimahotsav nos seus beneficiários e observou que quase três quintos (56,67%) dos agricultores beneficiários tinham como ocupação principal a agricultura e a criação de animais, enquanto 23,75% dos beneficiários tinham apenas a agricultura como fonte de subsistência.

Bhuvana (2013) concluiu que (35,00 por cento) dos beneficiários do MGNREGA se encontravam em ocupações laborais não agrícolas, seguidos de 29,17 por cento e 35,83 por cento dos beneficiários que se encontravam em ocupações laborais agrícolas e agrícolas, respetivamente.

Bhati (2015) referiu que um pouco menos de um quarto (24,00 por cento) dos beneficiários dependiam exclusivamente do MNREGA para a sua subsistência, enquanto 25,00 por cento deles dependiam do MNREGA + trabalho. Além disso, 20,00 por cento e 31,00 por cento deles estavam envolvidos no MNREGA + trabalho agrícola + criação de animais e MNREGA + agricultura + criação de animais + outros, respetivamente, para a sua subsistência.

Mummulla (2015) descobriu que mais de metade (60,00 por cento) dos inquiridos do MGNREGA trabalhavam em culturas agrícolas, seguidos de 18,33 por cento dos inquiridos que trabalhavam em actividades não agrícolas, incluindo empregos públicos, motoristas, trabalhadores noutras áreas de emprego, enquanto 11,66 por cento dos inquiridos trabalhavam em explorações agrícolas, incluindo todo o tipo de trabalhos agrícolas, 07,50 por cento dos inquiridos estavam envolvidos em ocupações baseadas em castas que incluíam sapateiros, barbeiros, fabricantes de cestos de bambu, etc. A criação de animais vivos é praticada por apenas 02,50% dos inquiridos, o que inclui a criação de cabras e ovelhas, vacas e búfalos.

2.1.9 Participação social

Kansara (2009) observou que a maioria (72,22 por cento) dos agricultores com formação e 32,22 por cento dos agricultores sem formação eram membros de uma organização.

Jat (2010) afirmou que a grande maioria (81,95 por cento) dos produtores de trigo não participava em qualquer tipo de organização social.

Suthar (2010) relatou que três quintos (60,00 por cento) dos proprietários de gotejadores eram membros de mais de uma organização.

Raut (2013) constatou que quase metade (48,33 por cento) dos membros dos SHGs não era membro de nenhuma organização.

Savita e Deep (2014) relataram que a maioria (64,00 por cento) dos proprietários de gotejamento não tinha participação social, seguido de baixa 28,00 por cento e alta 07,00 por cento e média 01,00 por cento de participação social, respetivamente.

Bhati (2015) observou que um pouco menos de dois quintos (39,00 por cento) dos inquiridos da MGNERA eram membros de uma organização, enquanto 31,00 por cento deles eram membros de mais do que uma organização. Além disso, 24,00 por cento dos inquiridos não eram membros de nenhuma organização, enquanto 6,00 por cento eram titulares de cargos juntamente com a filiação.

2.1.10 Fonte de informação

Pandya (2011) estudou o impacto socioeconómico do krushimahotsav nos seus beneficiários, tendo constatado que pouco mais de metade (52,92%) dos agricultores beneficiários utilizavam a fonte de informação de forma média, enquanto 24,58% e 22,50% dos agricultores beneficiários utilizavam a informação de forma baixa e elevada, respetivamente.

Patel (2015) observou que a maioria dos produtores de romã (69,00 por cento) utilizou fontes de informação médias, seguidas de 15,55 e 15,12 por cento que utilizaram fontes de informação altas e baixas, respetivamente.

2.1.11 Participação na extensão

Patel (2008) estudou o impacto da gestão de bacias hidrográficas no desenvolvimento da agricultura sobre os seus beneficiários e concluiu que três quartos (75,00 por cento) dos agricultores beneficiários tinham um nível médio de participação na extensão.

Pokar (2008) referiu que tanto os agricultores beneficiários como os não beneficiários da demonstração da linha da frente tinham um nível médio de participação na extensão.

Pandya (2011) estudou o impacto socioeconómico do krushimahotsav nos seus beneficiários e observou que a maioria dos agricultores beneficiários, 67,50%, tinha um nível médio de participação na extensão, seguido de uma participação elevada na extensão, 17,08%, e de uma participação reduzida na extensão, 15,42%, respetivamente.

2.1.12 Motivação económica

Bhosale (2010) referiu que mais de metade (55,84%) dos jovens rurais pertenciam à categoria de motivação económica média, enquanto 24,16% e 20,00% dos jovens rurais tinham uma motivação económica elevada e baixa, respetivamente.

Suthar (2010) revelou que a maioria (71,00 por cento) dos proprietários de gotejamento tinha um nível médio de motivação económica.

Gulkari (2011) revelou que quase três quartos (72,50%) dos beneficiários do NHM pertenciam à categoria de motivação económica média. Apenas 15,00 por cento e 12,50 por cento dos beneficiários tinham uma motivação económica baixa e alta, respetivamente.

Pandya (2011) estudou o impacto socioeconómico do krushimahotsav nos seus beneficiários e concluiu que a maioria (67,50%) dos agricultores beneficiários tinha uma motivação económica média.

Bhati (2015) referiu que menos de metade (46,00 por cento) dos beneficiários do MGNREGA tinha uma motivação económica média, enquanto um quarto (25,00 por cento) dos beneficiários tinha uma motivação económica baixa, seguido de 20,00 por cento e 09,00 por cento com uma motivação económica alta e muito baixa, respetivamente.

2.1.13 Capacidade de inovação

Suthar (2010) relatou que a grande maioria (83,00 por cento) dos proprietários de gotejamento foi considerada de nível médio de inovação.

Savita e Ratnakar (2011) constataram que 38,33% dos beneficiários da agricultura biológica se encontravam num nível médio de capacidade de inovação, seguidos de 08,33% de baixo e 51,67% de alto nível de capacidade de inovação, respetivamente.

Ramalakshmi *et al.* (2013) revelaram que a maioria (65,83%) dos produtores de cana-de-açúcar se enquadra na categoria de nível médio de inovação, seguida de 16,67% de nível baixo e 17,50% de nível alto de inovação, respetivamente.

Raut (2013) observou que a maioria dos membros dos GAA (74,17%) tinha um nível médio de capacidade de inovação, seguido de 17,50 e 08,33% que tinham um nível baixo e alto de capacidade de inovação, respetivamente.

Sanjay *et al.* (2013) revelaram no seu estudo que a grande maioria (80,00 por cento) dos pequenos e marginais, 35,00 por cento dos médios e 65,00 por cento dos grandes agricultores tinham um nível médio de inovação, seguido de 07,50 por cento com um nível baixo e 23,33 por cento com um nível elevado de inovação dos produtores de leite, respetivamente.

2.2 Atitude dos beneficiários em relação ao MNREGA

Pushpa e Netaji (1998) observaram que a maioria dos beneficiários do TRYSEM tinha uma atitude favorável em relação ao programa. Os contactos frequentes com alguns funcionários e a sua experiência aceitável ajudaram-nos a desenvolver uma atitude favorável.

Gulkari (2011) referiu que menos de metade (46,66%) dos inquiridos tinha uma atitude neutra em relação à NHM. Menos de dois quintos (16,66%) dos inquiridos tinham uma atitude fortemente desfavorável, seguindo-se 14,66 e 11,66% dos inquiridos com uma atitude favorável e fortemente desfavorável em relação à NHM. Os restantes inquiridos (10,83%) tinham uma atitude favorável em relação à NHM, respetivamente.

Kyatanagoudar (2011), no seu estudo sobre a NREGA, revelou que a grande maioria (92,60%) dos beneficiários tinha uma atitude favorável, enquanto 06,10% tinham uma atitude neutra e 01,10% dos beneficiários tinham uma atitude negativa em relação à NREGA.

Bhuvana (2013) referiu que 45,00 por cento das mulheres beneficiárias tinham uma atitude moderada em relação ao programa MGNREGA. Pelo contrário, 25,80 por cento e 29,20 por cento das beneficiárias tinham uma atitude favorável e desfavorável em relação ao programa MGNREGA, respetivamente.

Roy *et al.* (2013) observaram que exatamente metade (50,00 por cento) dos inquiridos tinha uma atitude favorável em relação ao MGNREGA, enquanto 36,00 por cento e 14,00 por cento dos inquiridos tinham uma atitude neutra e desfavorável em relação ao MGNREGA, respetivamente.

Dholariya (2014) constatou que três quintos (60,00 por cento) dos inquiridos tinham uma atitude moderadamente favorável em relação à NHM, seguida de uma atitude menos favorável e altamente favorável, com 22,00 e 18,00 por cento, respetivamente.

Bhati (2015) relatou que a maioria (79,00 por cento) dos beneficiários tinha uma atitude mais favorável em relação ao MNREGA, seguido por 17,00 por cento e 04,00 por cento deles tinham uma atitude moderadamente favorável e mais favorável em relação ao MNREGA, respetivamente. Nenhum dos inquiridos se encontrava na categoria de atitude menos favorável e menos favorável.

2.3 Conhecimento dos beneficiários relativamente ao MNREGA

Joshi *et al.* (2008) observaram que, na maioria das aldeias, o conhecimento sobre o NREGA era limitado, sendo apenas mais um programa governamental. A sensibilização para o NREGA limitava-se a 100 dias de emprego por família. No entanto, o conhecimento sobre o salário mínimo variava consoante os distritos, sendo de 35,00 por cento. Os titulares de carteiras de trabalho declararam ter conhecimento dos salários mínimos em Jalore, mas apenas 02,400% em Karauli. Em Dungarpur, 63,73% dos titulares de carteiras de trabalho tinham conhecimento dos serviços disponíveis no MGNREGA. Em Karauli, porém, apenas 20,00 por cento conheciam essas facilidades. Também em Dungarpur e Jalore, as pessoas estavam bem informadas sobre a disponibilidade de trabalho num raio de 5 km. Quanto à questão do planeamento de projectos e das disposições legais, muito poucos titulares de carteiras de trabalho tinham conhecimentos, embora cerca de 08,00 por cento em Dungarpur e Jalore estivessem bem informados. Relativamente ao papel do Gram Panchayat, a sensibilização era insignificante em todos os distritos. Por conseguinte, há muito a fazer. Contudo, em 2008, em comparação com 2006, as pessoas estavam mais informadas sobre o programa. No que se refere ao subsídio de desemprego, a maioria das famílias não tinha conhecimento desta disposição, com exceção de alguns casos, mas também elas não sabiam o montante ou a duração do subsídio de desemprego. Até à data do inquérito, não houve qualquer caso de pagamento do subsídio de desemprego.

Kamath *et al.* (2008) referiram que, em Andra Pradesh, os beneficiários estavam muito mais conscientes das caraterísticas essenciais da NREGA (94,00 por cento em Ananthpur e 73,60 por cento em Adilabad) do que em Karnataka (12,90 por cento em Gulbarga e 17,20 por cento em Raichur). É necessário realizar uma campanha de sensibilização sobre a NREGA nos dois distritos de Karnataka. Esta campanha deverá informar os beneficiários sobre os seus direitos, incluindo a disposição relativa ao pagamento de uma indemnização se o trabalho não for prestado a tempo (subsídio de desemprego).

Yadav e Garg (2010) efectuaram um estudo no distrito de Rewari, no Punjab, e observaram que apenas 17,00 por cento dos trabalhadores do MNREGA concordaram que tinham conhecimento da existência de um subsídio de desemprego.

Jat (2010) referiu que o nível de conhecimento das práticas recomendadas para o armazenamento de grãos de trigo era médio entre 55,66% das mulheres agricultoras tribais.

Pandya (2011) referiu que quase dois terços (64,17%) dos agricultores beneficiários tinham um nível médio de atualização de conhecimentos através da orientação técnica recebida durante o krushimahotsav. Por outro lado, 18,33% dos agricultores beneficiários tinham um nível baixo de conhecimentos adquiridos, seguido de 17,50% dos agricultores beneficiários com um nível elevado de conhecimentos adquiridos através da orientação técnica recebida durante o krushimahotsav.

Shobha e Vinitha (2011) efectuaram um estudo em Sulurtaluk, no distrito de Coimbatore, e referiram que, tanto em Peedampalli como em Pattanam Panchyats, as mulheres beneficiárias estavam plenamente conscientes das regras e regulamentos do MGNREGA no que se refere a 100 dias de trabalho, salários mínimos, salários iguais para homens e mulheres, assistência médica, instalações no local de trabalho, cartão de trabalho com fotografia, oferta de emprego no prazo de 15 dias a contar da data de candidatura e salários semanais ou quinzenais. A grande maioria das mulheres beneficiárias de Peedampalli, 94,00 por cento, tinha conhecimento do trabalho num raio de 5 km, mas esta percentagem era de 88,00 por cento no caso de Pattanam. O número de beneficiárias que tinha conhecimento da elegibilidade para o subsídio de desemprego no prazo de 15 dias após a apresentação do pedido era de 66% e 86% em Peedampalli e Pattanam Panchyats, respetivamente.

2.4 Impacto socioeconómico do MNREGA nos beneficiários

Suthar (2010) relatou que dois terços (66,00 por cento) dos proprietários de sistemas de irrigação por gotejamento tinham um nível médio de impacto sócio-económico, seguido de alto (19,00 por cento) e baixo (15,00 por cento) impacto sócio-económico sobre o sistema de irrigação por gotejamento, respetivamente.

Pandya (2011) constatou que mais de dois terços (68,33%) dos agricultores beneficiários se encontravam na categoria média de impacto socioeconómico em resultado do krushimahotsav nos agricultores beneficiários.

Raut (2013) relatou que 44,17% dos inquiridos se encontravam na categoria média, seguidos de 37,50% e 18,33% que se encontravam no nível baixo e alto da categoria de impacto socioeconómico dos SHGs, respetivamente.

2.5 Associação entre variáveis e o seu impacto socioeconómico

2.5.1 Idade e impacto socioeconómico

Suthar (2010) observou que a idade dos proprietários de gotejamento foi negativa e não significativamente correlacionada com o impacto sócio-económico.

Pandya (2011) referiu que a idade dos agricultores beneficiários estava negativa e significativamente correlacionada com o impacto socioeconómico do krushimahotsav.

Rai (2011) constatou que a idade dos beneficiários estava negativa e não significativamente correlacionada com o impacto do programa PIM.

2.5.2 Educação e impacto socioeconómico

Suthar (2010) observou que a educação dos proprietários de gotejamento foi considerada positiva e altamente correlacionada com o impacto sócio-económico.

Pandya (2011) revelou que a educação dos agricultores beneficiários estava correlacionada de forma positiva e altamente significativa com o impacto socioeconómico do krushimahotsav.

Rai (2011) afirmou que a educação dos beneficiários foi considerada altamente correlacionada com o impacto do programa PIM.

Raut (2013) constatou que a educação dos membros dos SHGs tinha uma correlação positiva e significativa com o impacto socioeconómico global.

2.5.3 Casta e impacto socioeconómico

Patel (2011) observou que os PIM de casta dos beneficiários estavam positiva e significativamente correlacionados com a sua mudança tecno-económica.

2.5.4 Tipo de família e impacto socioeconómico

Gosh (2010) concluiu que o tipo de família dos membros dos SHGs tinha uma correlação positiva e significativa com o impacto socioeconómico dos SHGs nos seus membros.

Suthar (2010) observou que o tipo de família dos proprietários de gotejamento foi encontrado para ser negativo e não-significativo correlacionado com o impacto sócio-económico.

Raut (2013) constatou que o tipo de família dos membros dos SHGs não estava significativamente correlacionado com o impacto socioeconómico global.

2.5.5 Dimensão da família e impacto socioeconómico

Suthar (2010) observou que o tamanho da família dos proprietários de gotejamento foi encontrado para ser negativo e não significativo correlacionado com o impacto sócio-económico.

Raut (2013) revelou que a dimensão da família dos membros dos GAA tinha uma associação positiva e significativa com o impacto socioeconómico global.

2.5.6 Propriedade fundiária e impacto socioeconómico

Suthar (2010) revelou que a posse de terra do proprietário do gotejamento foi considerada positiva e altamente correlacionada com o impacto sócio-económico.

Patel (2011) observou que a posse de terras dos PIM dos agricultores beneficiários tinha uma relação positiva e significativa com a sua mudança tecno-económica.

Pandya (2011) afirmou que a propriedade fundiária dos agricultores beneficiários estava correlacionada de forma positiva e altamente significativa com o impacto socioeconómico do krushimahotsav.

Rai (2011) verificou que a propriedade fundiária dos beneficiários não estava significativamente correlacionada com o impacto do programa PIM.

Raut (2013) observou que os membros dos SHGs não tinham uma correlação significativa com o impacto socioeconómico global.

2.5.7 Rendimento anual e impacto socioeconómico

Suthar (2010) observou que a anualidade dos proprietários de gotejamento teve uma correlação positiva e altamente significativa com o impacto sócio-económico.

Pandya (2011) revelou que o rendimento anual dos agricultores beneficiários tinha de ter uma correlação positiva e altamente significativa com o impacto socioeconómico do krushimahotsav.

Patel (2011) referiu que o rendimento anual dos PIM dos agricultores beneficiários estava positiva e significativamente correlacionado com a sua mudança tecno-económica.

Raut (2013) constatou que o rendimento anual dos membros dos SHGs tinha uma correlação positiva e altamente significativa com o impacto socioeconómico global.

2.5.8 Ocupação e impacto socioeconómico

Suthar (2010) observou que a ocupação dos proprietários de gotejadores tinha uma correlação

positiva e altamente significativa com o impacto sócio-económico.
Pandya (2011) revelou que a ocupação dos agricultores beneficiários tinha uma correlação positiva e altamente significativa com o impacto socioeconómico do krushimahotsav.
Patel (2011) observou que a ocupação do inquirido tinha uma correlação positiva e significativa com a sua mudança tecno-económica do PIMS.
Raut (2013) concluiu que a ocupação dos beneficiários de SHGs tinha uma associação positiva e significativa com o impacto socioeconómico global.

2.5.9 Participação social e impacto socioeconómico

Suthar (2010) relatou que a participação social dos proprietários de gotejamento foi encontrada não significativamente correlacionada com o impacto sócio-económico.
Pandya (2011) observou que a participação social dos agricultores beneficiários tinha uma relação positiva e altamente significativa com o impacto socioeconómico do krushimahotsav.

2.5.10 Fonte de informação e impacto socioeconómico

Pandya (2011) revelou que a fonte de informação dos agricultores beneficiários tinha uma relação positiva e altamente significativa com o impacto socioeconómico do krushimahotsav.
Patel (2011) observou que a fonte de informação do inquirido tinha uma relação positiva e significativa com a sua mudança tecno-económica dos PIMs.
Rai (2011) afirmou que a fonte de informação dos beneficiários não estava significativamente correlacionada com o impacto do programa PIM.

2.5.11 Participação na extensão e impacto socioeconómico

Pandya (2011) revelou que a participação na extensão tinha uma correlação positiva e altamente significativa com o impacto socioeconómico do krushimahotsav nos agricultores beneficiários.

2.5.12 Motivação económica e impacto socioeconómico

Suthar (2010) observou que a motivação económica dos proprietários de gotejadores tinha uma correlação positiva e altamente significativa com o impacto socioeconómico.
Pandya (2011) revelou que a motivação económica dos agricultores beneficiários tinha uma relação positiva e significativa com o impacto socioeconómico do krushimahotsav.
Rai (2011) concluiu que a motivação económica dos beneficiários não tinha uma correlação significativa com o impacto do programa PIM.

2.5.13 Inovação e impacto socioeconómico

Suthar (2010) descobriu que a capacidade de inovação dos proprietários de gotejamento tinha uma correlação positiva e altamente significativa com o impacto socioeconómico.
Raut (2013) revelou que a capacidade de inovação dos beneficiários de SHGs tinha uma associação positiva significativa com a mudança socioeconómica global.

2.5.14 Atitude e impacto socioeconómico

Suthar (2010) relatou que a atitude em relação ao sistema de irrigação por gotejamento foi positiva e significativamente correlacionada com o impacto sócio-económico.
Pandya (2011) verificou que a atitude dos agricultores beneficiários tinha uma relação positiva e altamente significativa com o impacto socioeconómico do krushimahotsav.
Raut (2013) observou que a atitude dos membros dos SHGs tinha uma associação positiva e significativa com a mudança socioeconómica global.

2.5.15 Conhecimento e impacto socioeconómico

Suthar (2010) relatou que o nível de conhecimento dos proprietários de gotejamento foi encontrado positivamente e altamente significativo correlacionado com o impacto sócio-económico.

2.6 Constrangimentos enfrentados pelos beneficiários do MNREGA

Ambasta *et al.* (2008) assinalaram algumas das lacunas na aplicação do NREGA, como a falta de profissionais, a falta de pessoal, os atrasos administrativos, a falta de planeamento das pessoas, a má qualidade do trabalho realizado, as taxas salariais inadequadas e um processo de auditoria social deficiente.

Kamath *et al.* (2008) referiram que 79,30% dos inquiridos afirmaram que não havia problemas de maior com a forma como a NREGA era aplicada. No entanto, houve algumas ressalvas: cerca de 40,60% afirmaram que o trabalho não era prestado de forma regular e atempada, 50,00% afirmaram que os pagamentos não eram efectuados atempadamente e 52,00% afirmaram que os salários da NREGA não eram bons. Talvez a última conclusão reflicta o facto de a maioria das pessoas desejar sempre salários mais elevados. Além disso, 88,40% das pessoas consideram que a execução da NREGA pode ser melhorada. Além disso, 20,00 por cento dos inquiridos consideraram que não conseguiriam obter trabalho a tempo. Por outro lado, 02,00 por cento dos inquiridos consideraram que poderiam não ser pagos a tempo. Uma vez que o número de pessoas que receberam cartões de emprego no distrito de Gulbarga.

Mehrotra (2008) examinou o desempenho do NREGA e revelou as seguintes fraquezas perenes: baixa cobertura do programa, mais de 50% dos beneficiários não pertencem ao grupo mais carenciado, pouca participação da comunidade no planeamento, trabalho para as mulheres inferior à norma estipulada de 30%, apenas 16-29 dias de emprego proporcionado ao agregado familiar, os bens criados não eram duradouros e os relatórios de falsos registos de reunião pagam frequentemente menos do que os salários prescritos.

Gopal (2009), num estudo efectuado em Andhra Pradesh (AP), revelou que este país dispõe de um vasto programa de habitação rural em que cada proprietário de uma casa recebe um empréstimo e um subsídio. Para financiar o subsídio, foram transferidos diretamente 3 200 rupias de dinheiro do NREGA para todos os beneficiários de habitação. Um quarto do dinheiro do NREGA foi utilizado para este efeito e dois terços das pessoas que receberam a transferência de dinheiro não trabalharam nem por um dia noutros trabalhos do NREGA. Uma vez que a habitação não era permitida no âmbito da NREGA, a transferência para a habitação foi incluída na lista de desenvolvimento fundiário do sítio Web. O Governo contratou milhares de pessoas no terreno, juntamente com pessoal técnico e informático, para a NREGA, mas os seus salários são registados como salários diários e, recentemente, esses salários foram duplicados.

Kohli (2009) constatou que os principais problemas na aplicação do NREGA eram a definição de agregado familiar, a recusa de registo, o atraso na distribuição dos cartões de trabalho, a cobrança de taxas não solicitadas pelos formulários de pedido de trabalho, a não emissão de recibos, a ausência de instalações no local de trabalho, a presença de contratantes, a indisponibilidade de cadernos de registo no local de trabalho, a falta de pessoal e o atraso nas nomeações, a paralisação dos trabalhos, a perturbação devida à imposição de um código de conduta eleitoral, o atraso no pagamento dos salários e o pagamento de menos do que o salário mínimo.

Maulik (2009) registou algumas falhas relacionadas com o NREGA no Uttar Pradesh, tais como atrasos na distribuição dos cartões de trabalho, seleção incorrecta dos beneficiários, famílias carenciadas não alcançadas, falta de profissionais, falta de pessoal, atrasos administrativos, falta de planeamento das pessoas, má qualidade do trabalho realizado e processo de auditoria social deficiente.

Singh (2009) referiu que a maior parte dos pedidos de empréstimo eram apresentados apressadamente aos bancos nos últimos dois ou três meses do ano financeiro. Este facto representa uma sobrecarga evitável tanto para os bancos como para os funcionários no terreno. Além disso, a execução do IRDP foi afetada pela resposta inadequada das massas rurais.

Harish (2010) observou que muitos agricultores têm vindo a manifestar uma grave escassez de mão de obra para as actividades agrícolas após a implementação do programa MGNREGA. A principal deficiência expressa por mais de 95,00 por cento dos trabalhadores foi o salário mais baixo, seguido pelo mesmo salário independentemente da natureza do trabalho (93,00 por cento), o mesmo salário para homens e mulheres (48,00 por cento) e o pagamento tardio dos salários (41,00 por cento). No entanto, cerca de 14,00 por cento dos trabalhadores referiram que a garantia legal de trabalho por apenas 100 dias era outra deficiência.

Sarkar *et al.* (2011) concluíram que os principais constrangimentos enfrentados pelos beneficiários do MNREGA eram o atraso no pagamento dos salários, a indisponibilidade de trabalho regular, os distúrbios políticos, a ausência de disposições especiais para os idosos, o processo agitado de pagamento bancário/carteiro, etc.

Bishnoi *et al.* (2012) referiram que o atraso no pagamento do salário era o principal problema enfrentado pelos inquiridos em relação ao MNREGA (44,00 por cento), seguido de problemas de acesso ao banco (23,00 por cento) e do pagamento do salário não efectuado atempadamente (21,00 por cento), respetivamente.

Jayanta (2012) relatou que os principais problemas encontrados pelos beneficiários do MGNREGA foram: 100 dias completos de emprego não fornecidos; falta de instalações médicas perto do local de trabalho, atraso no pagamento de salários, trabalho contínuo não fornecido e a mesma taxa salarial é dada para todos os tipos de trabalho.

2.7 Sugestões/obstáculos/problemas para a execução efectiva do programa

Joshi *et al.* (2008) apresentaram algumas sugestões, *nomeadamente:* 1. Para cada aldeia com receitas, deve haver um rozgar sahayak para manter a papelada corretamente. 2. Em vez de 100 dias, o trabalho deveria ser efectuado durante 150-200 dias. 3. O trigo deve ser dado como pagamento parcial. 4. Nos locais de trabalho, como os lagos das quintas, os membros da família não devem receber qualquer trabalho nas suas próprias quintas. Também não devem ter um companheiro da sua escolha. 5. A formação em matéria de matança deve ser dada também aos trabalhadores e o companheiro deve ser escolhido entre os trabalhadores.

Tomar e Yadav (2009) referem que, para aperfeiçoar a NREGA (Lei Nacional de Garantia do Emprego Rural), devem ser nomeados profissionais dedicados e com formação completa a tempo inteiro para a aplicação efectiva do regime.

Harish (2010) sugeriu que os salários do MGNREGA deveriam ser aumentados de 82 rúpias para 120 rúpias por dia. Aconselha-se a diferenciação dos salários entre homens e mulheres para encorajar os trabalhadores do sexo masculino, de modo a que o trabalho árduo e penoso possa ser efetivamente concluído. O emprego de cem dias deve ser limitado aos meses em que não há colheitas ou sementeiras. A assistência financeira deve ser incluída no programa MGNREGA para manutenção e cuidados posteriores.

Jayshree *et al.* (2010) referiram que deveria ser nomeado um pessoal separado a nível distrital e sindical para a execução eficaz do programa e também referiram que a taxa salarial deveria ser aumentada em relação à taxa de inflação e que deveria ser adotado o pagamento semanal do salário. A sensibilização do grupo-alvo deve ser melhorada. Em alguns casos, há indisponibilidade e oferta irregular de trabalhadores, para garantir a oferta regular de mão de obra.

Yadav e Garag (2010), no seu estudo sobre a condição socioeconómica dos trabalhadores do MNREGA no distrito de Rewari, sugeriram que as taxas salariais dos trabalhadores deveriam ser revistas e aumentadas para o nível do "salário de subsistência", de modo a que os trabalhadores não se sintam tentados a deixar a sua aldeia e a ir para os centros urbanos em busca de trabalho, ao mesmo tempo que é necessário rever também as normas relativas à capacidade de trabalho.

Jayanta (2012) *relatou* as seguintes sugestões oferecidas pelos beneficiários do MGNREGA para superar os seus problemas Pelo menos 150 dias de trabalho devem ser proporcionados ao abrigo do MGNREGA (Categoria I), seguidos de instalações médicas perto do local de trabalho (Categoria II), aumento da taxa de remuneração (Categoria III), pagamento atempado do salário completo (Categoria IV), prestação de trabalho contínuo (Categoria V), devem ser atribuídos salários diferentes para diferentes tipos de trabalho (classificação VI), emissão atempada do cartão de emprego (classificação VII), deve ser atribuído mais salário aos homens do que às mulheres (classificação VIII), contratação de pessoas para tomar conta das crianças no local de trabalho (classificação IX) e o emprego também pode ser atribuído aos aldeões vizinhos (classificação X), respetivamente.

CAPÍTULO III

111. ORIENTAÇÃO TEÓRICA

O principal objetivo deste capítulo é apresentar esquematicamente o quadro concetual de referência utilizado para o estudo. Foi feita uma tentativa de retratar um quadro sistemático que proporcionasse orientação na seleção das variáveis. O capítulo é apresentado nas secções seguintes.

111.1 Quadro teórico do estudo
111.2 Caraterísticas dos beneficiários do MNREGA
111.3 Identificação de variáveis
111.4 Definições de variáveis selecionadas/termos comuns
111.5 Derivação de hipóteses
111.6 Modelo concetual do estudo

3.1 Quadro teórico do estudo

O desemprego rural depende essencialmente da agricultura, onde cerca de 64% da mão de obra total foi absorvida pelo sector agrícola. Devido à lei da herança, o número de agricultores marginais e de pequenos agricultores tem vindo a aumentar a um ritmo mais rápido. Consequentemente, o desemprego parcial ou disfarçado tem vindo a aumentar a um ritmo elevado nas zonas rurais da Índia. Além disso, a rápida aplicação das recentes mudanças tecnológicas, como a tração ou a mecanização no sector agrícola, deixou a maior parte dos pequenos agricultores marginais e da mão de obra agrícola quase sem emprego. Na sua totalidade, os agricultores trabalham apenas durante um período de um a dois meses por ano, dependendo, evidentemente, da dimensão da exploração agrícola. Para além disso, as secas, a falta de monções e outras calamidades naturais desempenham o seu papel, fazendo com que estes agricultores permaneçam ociosos e desempregados durante o resto do período. Devido ao aumento do desemprego, a pobreza prevalece e aumenta entre eles, colocando-os abaixo ou em torno do limiar de pobreza.

Nos países desenvolvidos, a maioria dos jovens e adultos desempregados tem formação académica. Na Índia, a situação do desemprego é diferente, mesmo entre os jovens com formação académica, e dentro do país, a nível regional (por exemplo, nas zonas rurais), com caraterísticas diferentes. Nas zonas urbanas, a maioria dos jovens instruídos encontra-se desempregada e nas zonas rurais o desemprego é disfarçado. Nas zonas rurais, onde vivem cerca de 65% da população, o desemprego é muito preocupante.

Para erradicar a pobreza e o desemprego, o Governo da Índia concebeu vários programas após a independência. No entanto, o Governo da Índia implementou vários regimes, políticas e programas para ultrapassar o grave problema da pobreza e do desemprego. Mas faltam estudos sobre a análise pormenorizada e o impacto ao nível do terreno. O presente estudo analisa o impacto do mais conhecido programa de emprego assalariado e de geração de rendimentos, a Lei Nacional de Garantia do Emprego Rural Mahatma Gandhi (MNREGA). O principal objetivo deste programa é proporcionar emprego assalariado adicional e suplementar para a segurança alimentar e melhorar os níveis nutricionais nas zonas rurais. O seu objetivo secundário é a criação de bens comunitários, sociais e económicos duradouros e o desenvolvimento de infra-estruturas nas zonas rurais. O programa tem como objetivo principal a criação de empregos assalariados para as mulheres, as castas e as tribos catalogadas das zonas rurais da Índia.

3.2 Caraterísticas dos beneficiários

O papel da situação ou do ambiente é muito importante para compreender a ação humana. Rogers (1962) confirmou assim o papel decisivo da situação. O sistema social em que o indivíduo está inserido tem um efeito dominante no comportamento. A ação de um indivíduo depende de muitos factores. Mais precisamente, qualquer ação ou decisão é influenciada não só por factores económicos, mas também por factores pessoais, socioeconómicos, comunicacionais e psicológicos.

Por conseguinte, foram selecionadas e estudadas certas variáveis pessoais, socioeconómicas, comunicacionais e psicológicas com o objetivo de determinar a sua contribuição para o impacto socioeconómico do programa Mahatma Gandhi National Rural Employment Guarantee Act.

3.2.1 Impacto socioeconómico:

Islam (1991) definiu o impacto como um efeito de um determinado programa ou uma avaliação da mudança. De acordo com Singh (1990), qualquer atividade envolve alguns custos e alguns benefícios para a sociedade e para as entidades individuais que a realizam. A influência das actividades foi designada por impacto, que pode ser positivo ou negativo. Neste estudo, as mudanças resultantes ocorreram entre os beneficiários sob a forma de impacto socioeconómico do MNREGA no beneficiário.

3.3 Identificação de variáveis

As variáveis selecionadas para o presente estudo são as seguintes

3.3.1 Variável independente

1. Idade

A idade é uma das variáveis demográficas significativas no processo de aprendizagem de um indivíduo. Em todas as sociedades, a idade é um dos factores mais importantes do estatuto social. Influencia a capacidade de trabalho. Por conseguinte, a composição etária dos beneficiários é um fator determinante importante. O estatuto económico de um indivíduo, criança, jovem ou idoso não é o único fator determinante da idade cronológica, mas também a posição social que ocupa no sistema normativo da sociedade. Nas sociedades tradicionais, tendo em conta os conhecimentos e a experiência mais alargados dos idosos em relação ao trabalho no âmbito do MNREGA, estes gozavam de uma posição muito influente.

No entanto, na sociedade moderna, devido às mudanças socioeconómicas, a autoridade das pessoas idosas está a diminuir. A ideia tradicional associada às pessoas idosas no que respeita ao funcionamento e à condução da atividade do MNREGA está a tornar-se absoluta. Por conseguinte, considerou-se necessário analisar a composição etária do impacto socioeconómico do MNREGA em diferentes categorias de trabalhadores que têm de desempenhar diferentes tarefas em diferentes contextos.

Suthar (2010), Pandya (2011) e Rai (2011) observaram que a idade dos agricultores estava correlacionada de forma negativa e não significativa com o impacto socioeconómico.

2. Educação

O nível de instrução é um indicador importante na vida do trabalhador. As suas perspectivas de emprego dependem da educação. Determina o rendimento adicional que se pode obter para a família. A educação é uma das variáveis mais importantes que indica o estatuto do indivíduo e dos membros da família numa sociedade e a atitude da sociedade em relação a eles. O nível de educação de um indivíduo ou de uma família, de um grupo ou de uma família reflecte geralmente a qualidade de vida das pessoas.

Nas sociedades tradicionais, a educação é um privilégio exclusivo das castas superiores. As castas inferiores não beneficiam da educação, devido aos costumes sociais, à falta de sensibilização e à escassez de recursos financeiros. A noção geral é que a prosperidade económica aumenta a literacia e a educação. Após a independência, a difusão dos serviços educativos estendeu-se às camadas mais baixas da sociedade. As castas inferiores começaram a receber educação. A educação era uma variável importante para o estudo.

A educação dos beneficiários afecta o impacto socioeconómico, como concluíram Suthar (2010), Pandya (2011), Rai (2011) e Raut (2013). Por conseguinte, partiu-se do princípio de que a educação dos beneficiários estava provavelmente relacionada com a variável dependente.

3. Casta

A casta é uma variável importante que determina a posição social e económica de um indivíduo na sociedade indiana. Tradicionalmente, os diferentes grupos de castas exerciam diferentes profissões, tais como actividades laborais, actividades agrícolas e outros trabalhos mínimos desempenhados pelas castas inferiores da sociedade indiana. É um facto bem conhecido que a sociedade tradicional da Índia está estratificada sob a forma de um sistema de castas. Tradicionalmente, os diferentes grupos de castas exerciam diferentes profissões na nossa sociedade. O sistema de castas na Índia era uma força vinculativa. A casta é a base para compreender a posição de um indivíduo e também de um membro da família na sociedade. Define a possibilidade de trabalhar e o tipo de trabalho que é considerado adequado para um membro, de modo a permitir-lhe sair do seu ambiente familiar. Por conseguinte, a casta é um fator importante para o estudo.

Patel (2011) observou que a casta tinha uma correlação positiva e significativa com a sua mudança tecno-económica.

4. Tipo de família

O tipo de família é a instituição básica e importante da sociedade humana. Ela satisfaz necessidades e desempenha funções de socialização. Estas funções são indispensáveis para a continuidade, a integração e o controlo do sistema social. O sistema familiar desempenha um papel importante numa economia. As diferentes sociedades têm valores sociais diferentes. As sociedades tradicionais são hierárquicas, nas quais as ligações familiares, de clã e de casta desempenham um papel dominante. Os valores sociais tradicionais criam muitos obstáculos ao desenvolvimento destas sociedades. O sistema familiar conjunto é também a principal caraterística destas sociedades. Com o desenvolvimento e o crescimento destas sociedades, assiste-se a uma transformação do sistema familiar em famílias nucleares. O tipo de família nuclear era aquele em que o grupo era constituído por um homem, a sua mulher e os seus filhos. A família conjunta, que deve habitar na mesma casa, tomar as suas refeições e realizar o seu culto em conjunto e usufruir de bens em comum.

Gosh (2010) concluiu que o tipo de família dos membros do SHGS tinha uma correlação positiva e significativa com o impacto socioeconómico do SHGS nos seus membros. Por conseguinte, neste estudo, partiu-se do princípio de que o tipo de família dos beneficiários está associado à variável dependente.

5. Tamanho da família

A dimensão do sistema familiar desempenha um papel importante numa economia. Refere-se ao número total de membros, composto por homens, mulheres e crianças, que vivem juntos numa família.

Raut (2013) referiu que a dimensão da família estava significativamente correlacionada com o impacto socioeconómico. Por conseguinte, conceptualizou que a dimensão da família está relacionada com a variável dependente.

6. Exploração de terras

A posse de terras é uma das dimensões mais importantes para medir a situação económica dos beneficiários do MNREGA. Nesta perspetiva, a posse de terras é tida em conta no presente inquérito.

Este facto foi corroborado pelas conclusões de Suthar (2010), Patel (2011) e Pandya (2011). Por conseguinte, o estudo partiu do princípio de que a posse de terras estava associada à variável dependente selecionada.

7. Rendimento anual

O rendimento anual de um indivíduo aumenta o seu poder de compra, o que garante a segurança alimentar, uma melhor educação e uma boa qualidade de vida. Na situação atual, o rendimento é um fator determinante da posição económica e social numa sociedade. É também um indicador da posição económica e social de um indivíduo na sociedade, porque quanto mais elevado for o rendimento, melhor será o seu estatuto. Uma vez que o presente estudo visa investigar as condições sociais e económicas dos trabalhadores do MNREGA, não foi considerado viável nenhum método específico para aceder aos rendimentos familiares.

O estudo conduzido por Suthar (2010), Pandya (2011), Patel (2011) e Raut (2013) tentou determinar a relação com a variável dependente selecionada. Nesta perspetiva, prevê-se que exista uma relação entre o rendimento anual e a variável dependente.

8. Ocupação

A ocupação pode ser definida como um conjunto de actividades relativamente contínuas que proporcionam aos trabalhadores um meio de subsistência e definem o seu estatuto social geral. A ocupação de que uma família depende maioritariamente é designada por ocupação principal. Geralmente, a ocupação tradicional das pessoas é conhecida como a ocupação principal nas sociedades rurais. A profissão é uma variável importante que indica a qualidade de vida de uma pessoa.

O estudo conduzido por Suthar (2010), Pandya (2011), Patel (2011) e Raut (2013) apresentou uma correlação significativa entre a ocupação e o impacto socioeconómico. Por conseguinte, os beneficiários do MNREGA foram associados à variável dependente.

9. Participação social

Refere-se ao grau de envolvimento da organização formal dos beneficiários, quer como membro, quer como barreira de escritório. Uma pessoa com elevada participação social trocaria as suas ideias e pontos de vista com outros membros do sistema social e, assim, poderia adquirir melhores conhecimentos sobre o programa MNREGA. Por conseguinte, a participação social foi considerada uma variável importante que conduz a uma maior participação no MNREGA e, assim, o seu impacto socioeconómico seria comparativamente maior.

Considera-se que existe uma associação entre a participação social e Pandya (2011). Por conseguinte, prevê-se que a participação social possa estar positivamente relacionada com o impacto socioeconómico.

10. Fonte de informação

Existem várias fontes de informação através das quais os beneficiários do MNREGA podem obter informações sobre o programa de emprego remunerado. As fontes de informação são a ponte física entre a sua origem e os beneficiários do MNREGA. Os beneficiários têm à sua disposição vários métodos de comunicação, como os formais, informais, os meios de comunicação social e outros, para se familiarizarem com o novo programa de trabalho assalariado. Por conseguinte, a fonte de informação dos beneficiários foi considerada a variável independente do estudo.

Considera-se que existe uma associação entre a fonte de informação Pandya (2011) e Patel (2011). Assim, prevê-se que a fonte de informação possa estar positivamente relacionada com o impacto socioeconómico.

11. Participação na extensão

A participação ativa dos beneficiários em várias actividades de extensão desempenha um papel importante no desenvolvimento de conhecimentos e competências. Por conseguinte, a participação dos beneficiários do MNREGA nas actividades de extensão foi considerada como variável independente do estudo.

O estudo efectuado por Pandya (2011) indicou que existe uma relação significativa entre a participação na extensão e as variáveis dependentes. Por conseguinte, o estudo partiu do princípio de que a participação na extensão dos beneficiários do MNREGA está associada às variáveis dependentes.

12. Motivação económica

É óbvio que os beneficiários do MNREGA economicamente motivados estão mais orientados para a maximização do lucro da atividade. Eles podem considerar

O MNREGA é uma fonte de ocupação e, por conseguinte, podem ter melhores contactos com centros de produção de informação, bem como com agências de extensão, para obterem conhecimentos específicos sobre o novo regime e o utilizarem corretamente. Assim, a motivação económica era uma caraterística importante dos beneficiários

Tendo em conta este ponto de vista, a variável motivação económica foi selecionada para o estudo. Os estudos realizados por Suthar (2010) e Pandya (2011) indicaram que a motivação económica estava significativamente relacionada com a variável dependente em estudo.

13. Inovação

É concebida como a disposição de uma pessoa para aceitar as inovações o mais cedo possível. A capacidade de inovação era o grau em que um indivíduo se encontrava relativamente cedo no estado de prontidão para aceitar as novas ideias/práticas, quando comparado com outros membros do sistema social.

O estudo efectuado por Suthar (2010) e Raut (2013) revelou uma associação significativa entre a capacidade de inovação e a variável dependente. Por conseguinte, o estudo partiu do princípio de que a capacidade de inovação dos beneficiários da MNREGA está associada ao impacto socioeconómico da MNREGA.

14. Atitude em relação ao MNREGA

A atitude refere-se ao grau de favorabilidade e desfavorabilidade em relação ao MNREGA, de acordo com as respostas dos beneficiários. O êxito, o progresso e o programa de desenvolvimento dependem principalmente da atitude das pessoas em relação ao mesmo. Thurstone (1946) definiu uma atitude como o grau de afeto positivo ou negativo associado a algum objeto psicológico. Neste estudo, a atitude é conceptualizada como a disposição favorável ou desfavorável dos beneficiários em relação ao MNREGA. A atitude em relação ao MNREGA foi considerada um fator importante.

O estudo anterior realizado por Suthar (2010), Pandya (2011) e Raut (2013) revelou que existe uma associação entre a atitude dos beneficiários do MNREGA e a variável dependente. Por conseguinte, considera-se que a atitude está relacionada com a variável dependente.

Para medir a atitude dos beneficiários em relação ao MNREGA, o próprio investigador elaborou uma escala de atitudes.

15. Conhecimentos sobre o MNREGA

O conhecimento foi definido como um conjunto de informações detidas por um indivíduo e que está de acordo com factos estabelecidos. O conhecimento é uma familiaridade com alguém ou alguma coisa, que pode incluir factos, informações, descrições e/ou competências adquiridas através da experiência ou da educação. Pode referir-se tanto à compreensão teórica como prática de um assunto. No presente estudo, o conhecimento refere-se a conceitos, regras, regulamentos, actividades e instalações do MGNREGA compreendidos pelos beneficiários.

O estudo realizado por Suthar (2010) registou uma associação entre os conhecimentos relativos ao MNREGA e a variável dependente. Por conseguinte, considerou-se que os conhecimentos sobre o MNREGA estarão relacionados com a variável dependente.

3.3.2 Variável dependente

3.3.2.1 Impacto socioeconómico do MNREGA

3.4 Definições de variáveis selecionadas/termos comuns

3.4.1 Idade

Número de anos completados pelos beneficiários do MNREGA no momento da entrevista.

3.4.2 Educação

Refere-se à educação formal obtida individualmente pelos beneficiários do MNREGA.

3.4.3 Casta

Refere-se às categorias de pessoas organizadas em níveis de acordo com o estatuto social na sociedade por nascimento. É aqui conceptualizada como compreendendo cinco categorias: geral, SEBC, ou seja, casta social e economicamente atrasada, casta registada, tribo registada e outra casta migrante.

3.4.4 Tipo de família

Indica se a família dos beneficiários do MNREGA é de tipo conjunto (todos os membros vivem juntos) ou nuclear (apenas marido, mulher e filhos).

3.4.5 Dimensão da família

Refere-se ao número total de membros que vivem juntos sob uma chefia comum e partilham alimentos sob o mesmo teto da família dos beneficiários do MNREGA.

3.4.6 Exploração fundiária

Refere-se ao total de terras possuídas pela família dos beneficiários do MNREGA em termos de hectares no momento do inquérito.

3.4.7 Rendimento anual

Refere-se ao rendimento, obtido anualmente pela família dos beneficiários selecionados do MNREGA, proveniente da agricultura e de outras fontes.

3.4.8 Ocupação

Refere-se ao envolvimento, à ligação e à vinculação dos beneficiários do MNREGA a várias actividades geradoras de rendimentos que constituem a sua fonte regular de subsistência.

3.4.9 Participação social

É a participação dos beneficiários do MNREGA nas várias instituições e organizações formais e informais.

3.4.10 Fonte de informação

Trata-se de uma das fontes utilizadas pelos beneficiários do MNREGA para obter informações sobre o programa de emprego remunerado do MNREGA.

3.4.11 Participação na extensão

Refere-se ao contacto feito pelos beneficiários do MNREGA com a frequência e o intervalo do contacto com a agência de extensão ou com o extensionista, localmente ou fora da aldeia.

3.4.12 Motivação económica

Refere-se ao grau em que os beneficiários do MNREGA são orientados para maximizar os seus lucros, colocando a ênfase nos fins económicos.

3.4.13 Capacidade de inovação

Refere-se ao grau em que um indivíduo é relativamente mais precoce a adotar novas ideias do que outros beneficiários do MNREGA de uma sociedade.

3.4.14 Atitude

É o grau de favorabilidade ou desfavorabilidade dos beneficiários do MNREGA em relação ao MNREGA. Reflecte a opinião dos beneficiários do MNREGA sobre o regime.

3.4.15 Conhecimentos

O conhecimento é o grau em que um indivíduo é exposto à existência de uma inovação e adquire alguma compreensão necessária para utilizar corretamente uma inovação.

3.4.16 Impacto

O Webster descreve o impacto como a força, a impressão ou a operação de uma coisa sobre a outra, um controlo vigoroso e uma colusão. Por outras palavras, é o efeito de uma coisa sobre outra. Md.M. Islam (1991) definiu o impacto como um efeito de um determinado programa ou uma avaliação das mudanças.

3.4.17 Restrição

Um condicionalismo significa um obstáculo ou uma obstrução que impede os beneficiários do MNREGA de beneficiarem das vantagens do regime.

3.4.18 Sugestões

A forma e os meios de opinião sugeridos pelos beneficiários do MNREGA para uma aceitação efectiva do programa MNREGA.

3.4.19 Hipóteses nulas

De acordo com Fisher (1955), a hipótese nula é a hipótese que é testada para possível rejeição sob a suposição de que é verdadeira.

3.5 Derivação de hipóteses

Com base nos objectivos do estudo e no enquadramento teórico, foram formuladas as seguintes hipóteses estatísticas na forma nula (Ho), de acordo com o procedimento recomendado por Kerlinger (1976).

3.5.1 Generalidades da hipótese

H_1: Não existe associação entre as caraterísticas dos beneficiários do MNREGA e o seu impacto socioeconómico do MNREGA

3.5.2 Hipótese específica

$H1_{.1}$: Não existe qualquer associação entre a idade dos beneficiários e o seu impacto socioeconómico do MNREGA

$H1_{.2}$: Não há associação entre a educação dos beneficiários e o impacto socioeconómico da MNREGA

$H1_{.3}$: Não existe associação entre a casta dos beneficiários e o impacto socioeconómico do MNREGA

$H1_{.4}$: Não há associação entre o tipo de família dos beneficiários e o seu impacto socioeconómico do MNREGA

$H1_{.5}$: Não existe associação entre a dimensão da família dos beneficiários e o impacto socioeconómico do MNREGA

$H1_{.6}$: Não há associação entre a terra dos beneficiários e o impacto socioeconómico do

MNREGA

H1.7: Não existe associação entre o rendimento anual dos beneficiários e o impacto socioeconómico do MNREGA

H1.8: Não existe associação entre a profissão dos beneficiários e o impacto socioeconómico do MNREGA

H1.9: Não existe associação entre a participação social dos beneficiários e o impacto socioeconómico do MNREGA

H1.10: Não existe associação entre a fonte de informação dos beneficiários e o seu impacto socioeconómico do MNREGA

H1.11: Não existe qualquer associação entre a participação dos beneficiários na extensão e o seu impacto socioeconómico do MNREGA

H1.12: Não existe associação entre a motivação económica dos beneficiários e o impacto socioeconómico do MNREGA

H1.13: Não existe associação entre a capacidade de inovação dos beneficiários e o seu impacto socioeconómico do MNREGA

H1.14: Não existe associação entre a atitude dos beneficiários e o impacto socioeconómico da MNREGA

H1.15: Não existe associação entre o conhecimento dos beneficiários e o seu impacto socioeconómico do MNREGA

3.6 Modelo concetual do estudo

O quadro concetual apresentado na secção anterior pode ser apresentado de forma concetual que foi desenvolvido durante o curso do estudo. O modelo concetual apresentado na figura 1 é provisório e generalizado. A forma final desse modelo foi sugerida no final desta dissertação, no capítulo de resultados e discussão. Quando a investigação produzisse informações sobre a influência das variáveis independentes nas variáveis dependentes.

O modelo experimental apresentado na figura 1 mostra que não há influência de quinze variáveis independentes no impacto socioeconómico do MNREGA.

CAPÍTULO IV

IV. METODOLOGIA DE INVESTIGAÇÃO

Este capítulo trata dos métodos e procedimentos utilizados para medir as variáveis dependentes e independentes, bem como das técnicas seguidas para a recolha e análise dos dados. A metodologia pormenorizada é descrita nos pontos seguintes. 4.1 Plano de estudo
4.2 Conceção da investigação
4.3 Técnicas de amostragem e seleção dos beneficiários
4.4 Seleção e medição de variáveis
4.5 Ferramentas para o estudo
4.6 Método de recolha de dados
4.7 Constrangimentos enfrentados pelos beneficiários do MNREGA
4.8 Sugestões para ultrapassar os constrangimentos
4.9 Análise estatística

4.10Plano de estudos

O principal objetivo do estudo era medir o impacto socioeconómico do MNREGA nos beneficiários do distrito de Banaskantha, no Estado de Gujarat. Banaskantha tem uma área dominada por tribos e problemas de emprego. No presente estudo, o impacto socioeconómico foi medido em termos de alteração do rendimento anual, alteração do estatuto social, alteração do padrão de despesas, alteração dos bens materiais, alteração do hábito de poupança e alteração do emprego. Também se estudaram as caraterísticas pessoais, socioeconómicas, psicológicas e comunicacionais, o impacto socioeconómico, a associação entre as caraterísticas do perfil dos beneficiários e o impacto socioeconómico do MNREGA, as limitações sentidas pelos beneficiários do MNREGA para atingir os objectivos do MNREGA e as suas sugestões valiosas para ultrapassar as limitações.

A ideia foi depois discutida com o Conselheiro Principal, os membros do Comité Consultivo, os Professores Conselheiros e o pessoal de extensão. Finalmente, considerou-se que um estudo desta natureza seria frutuoso para os planeadores e decisores políticos e daria uma nova orientação ao planeamento dos programas de desenvolvimento rural. Assim, foi decidido realizar um estudo sobre o "Impacto socioeconómico do programa da Lei Nacional de Garantia do Emprego Rural de Mahatma Gandhi nos beneficiários do distrito de Banaskantha do Estado de Gujarat".

4.11Conceção da investigação

Este estudo visava identificar o perfil dos beneficiários do MNREGA que influenciam o impacto socioeconómico do programa Mahatma Gandhi National Rural Employment Guarantee Act. Para este estudo, foi aplicado um modelo de investigação "ex post facto". Com efeito, as variáveis independentes selecionadas para o estudo já tinham tido impacto nas condições socioeconómicas dos beneficiários. Kerlinger (1976) afirmou que o desenho "Ex-post Facto" é digno de ser aplicado quando as variáveis independentes já actuaram.

4.12Técnicas de amostragem e seleção dos beneficiários do MNREGA

Para a seleção dos distritos, talukas, aldeias e beneficiários, foi utilizada a técnica de amostragem aleatória em várias fases. Os distritos e talukas foram selecionados propositadamente, enquanto as aldeias e os beneficiários foram selecionados através da técnica de amostragem aleatória. **4.3.1 Localização da zona de investigação**

O Estado de Gujarat tem 33 distritos e, de entre estes, o distrito de Banaskantha foi selecionado propositadamente para este estudo pelas seguintes razões

1. Banaskantha é um distrito de Gujarat dominado por tribos.

2. O problema do emprego nas zonas tribais é mais grave e as pessoas migram para as zonas urbanas em busca de emprego. Por conseguinte, o MNREGA é muito importante nesta zona.

4.3.2 Seleção de talukas

O distrito é composto por 14 talukas, das quais foram selecionadas propositadamente quatro talukas, nomeadamente Danta, Amirgadh, Deesa e Dantiwada, com mais população SCS e STS. O quadro 1 apresenta essa seleção.

4.3.3 Seleção das aldeias

Foram selecionadas aleatoriamente cinco aldeias de cada um dos talukas selecionados do distrito de Banaskantha. O quadro 1 apresenta os dados correspondentes.

4.3.4 Seleção dos beneficiários

Após a seleção das aldeias, 10 beneficiários do MNREGA de cada aldeia selecionada foram selecionados aleatoriamente pelo método da lotaria. Assim, foram selecionados para o estudo um total de 200 beneficiários da MNREGA. O quadro 1 mostra-o.

Quadro 1: Talukas, aldeias e beneficiários do MNREGA selecionados em Banaskantha Distrito (n=200)

Nome do distrito	Nome dos talukas selecionados	Nome das aldeias selecionadas	Número total de beneficiários	N.º de beneficiários selecionados
Banaskantha	Danta	Velvada	132	10
		Punjpur	112	10
		Kansa	142	10
		Hedo	84	10
		Gangva	80	10
	Amirgadh	Amirgadh	432	10
		Balundra	667	10
		Iqbalgadh	314	10
		Deri	389	10
		Jethi	614	10
	Deesa	Rasanamota	560	10
		Rasana nana	223	10
		Bhoyan	173	10
		Ranpur	173	10
		Dharpada	129	10
	Dantiwada	Ramsida	275	10
		BhakharMota	198	10
		Panthavada	456	10
		Vaghor	246	10
		Dhaniyavada	197	10
	Total	**20**	**5596**	**200**

(Fonte: www.nrega.nic.in)

4.4 Seleção e medição de variáveis

4.4.1 Seleção de variáveis

A seleção das variáveis incluídas no estudo foi feita com base numa análise exaustiva da literatura relacionada com o assunto e em consulta com os principais consultores e peritos. Por fim, foram selecionadas as variáveis consideradas mais relevantes para o presente estudo, que constam do Quadro 2.

Tabela e 2: Informação sobre as variáveis e a sua medição

Não.	Nome das variáveis	Técnica de medição
A	**Variáveis independentes**	
I	**Variáveis pessoais**	
1	Idade	Idade cronológica do inquirido
2	Educação	Foi utilizada a escala desenvolvida por Pandya e Pandya (2008).
II	**Variáveis sócio-económicas**	
3	Casta	Foi utilizada a escala desenvolvida por Pandya e Pandya (2008).
4	Tipo de família	Foi utilizada a escala desenvolvida por Pandya e Pandya (2008).
5	Tamanho da família	Foi utilizada a escala desenvolvida por Pandya e Pandya (2008).
6	Exploração de terras	Total de terras possuídas pela família dos beneficiários, em hectares.
7	Rendimento anual	Rendimento familiar anual efetivo dos beneficiários.
8	Ocupação	A escala desenvolvida por Pandya e Pandya (2008) foi utilizada com as devidas modificações.
9	Participação social	A escala desenvolvida por Pandya e Pandya (2008) foi utilizada com as devidas modificações.
III	**Variáveis comunicacionais**	
10	Fonte de informação	Foi elaborado um calendário estruturado.
11	Participação na extensão	A escala desenvolvida por Siddaramaih e Jalihal (1983) foi utilizada com as devidas modificações
IV	**Variáveis psicológicas**	
12	Motivação económica	A escala desenvolvida por Supe (2007) foi utilizada com as devidas modificações.
13	Inovação	A escala desenvolvida por Padmaiah (1995) foi utilizada com as devidas modificações.
14	Atitude em relação ao MNREGA	A escala foi desenvolvida.
15	Conhecimentos sobre o MNREGA	Foi elaborado um calendário estruturado.
B	**Variável dependente**	
16	Impacto socioeconómico de MNREGA	Foi elaborado um calendário estruturado.

4.4.2 Medição das variáveis independentes

4.4.2.1 Idade

A idade dos beneficiários foi operacionalizada como o número de anos completos no momento da entrevista. A idade é um fator importante que influencia os beneficiários. Os beneficiários foram categorizados em três grupos, como segue.

Não.	Categoria	Ano
1.	Idade jovem	(18 a 30 anos)
2.	Idade média	(31 a 50 anos)
3.	Idade avançada	(Acima de 51 anos)

4.4.2.2 Educação

A educação é o processo de produzir mudanças desejáveis no comportamento de um indivíduo. Neste estudo, esta variável refere-se à quantidade de educação formal obtida pelos beneficiários em termos do seu nível de escolaridade. A educação foi operacionalizada como o número completo de anos de educação formal alcançados pelos beneficiários, de acordo com a escala desenvolvida por Pandya e Pandya (2008). A pontuação
O sistema seguido foi o seguinte.

Não.	Categoria	Pontuação
1.	Analfabeto	0
2.	Alfabetização funcional	1
3.	Ensino primário (até 7th standard)	2
4.	Ensino médio (8th a 10th standard) (secundário)	3
5.	Escola superior (11th a 12th standard)	4
6.	Faculdade/ Pós-graduação	5

4.4.2.3 Casta

A casta refere-se às categorias de pessoas organizadas em níveis de acordo com o estatuto social na sociedade por nascimento. Pode ter influência nos aspectos comportamentais. A informação a este respeito foi recolhida junto dos beneficiários através de uma escala desenvolvida por Pandya e Pandya (2008) e estes foram agrupados em cinco categorias de castas: geral, outras castas atrasadas, castas registadas, tribos registadas e
elenco migratório. O sistema de pontuação adotado foi o seguinte

Não.	Categoria	Pontuação
1.	Geral	1
2.	OBC	2
3.	ST	3
4.	SC	4
5.	Casta migrante	5

4.4.2.4 Tipo de família

Trata-se de uma família de tipo nuclear ou conjunta. O tipo nuclear consiste no marido, na mulher e nos filhos, enquanto o tipo conjunto consiste em mais do que uma família principal com base numa relação de sangue próxima e numa residência comum. Os beneficiários foram classificados nestas duas categorias de acordo com a escala desenvolvida por Pandya e Pandya (2008). O sistema de pontuação adotado foi o seguinte

Não.	Categoria	Pontuação

1.	Família nuclear	1
2.	Família conjunta	2

4.4.2.5 Dimensão da família

Refere-se ao número total de membros, composto por homens, mulheres e crianças, que vivem juntos numa família. Os dados relativos à dimensão da família foram recolhidos e divididos em cinco grupos, de acordo com a escala desenvolvida por Pandya e Pandya (2008).

O

O sistema de pontuação adotado foi o seguinte

Não.	Categoria	Pontuação
1.	1 a 2 membros	1
2.	3 a 4 membros	2
3.	5 a 6 membros	3
4.	7 a 8 membros	4
5.	Mais de 8 membros	5

4.4.2.6 Exploração fundiária

No presente estudo, a propriedade fundiária indica o número de hectares de terra detidos pela família dos beneficiários do MNREGA. Por conseguinte, os beneficiários foram categorizados da seguinte forma.

Não.	Categoria	Pontuação
1.	Menos terreno	1
2.	Marginal (até 1,00 ha)	2
3.	Pequena (1,01 a 2,00 ha)	3
4.	Médio (2,01 a 4,00 ha)	4
5.	Grandes (mais de 4,00 ha)	5

4.4.2.7 Rendimento anual

O rendimento anual refere-se ao total dos rendimentos da família dos beneficiários provenientes de todas as fontes. O rendimento anual auferido no ano anterior foi considerado como rendimento anual dos beneficiários. Os beneficiários foram divididos em três grupos: rendimento anual baixo, médio e elevado, com base na média ± DP, como se indica a seguir.

Não.	Categoria	Pontuação
1.	Rendimento anual baixo	< Média - S. D.
2.	Rendimento anual médio	Média ± S. D.
3.	Rendimento anual elevado	> Média + S. D.

4.4.2.8 Ocupação

É definido operacionalmente como um meio de subsistência ou profissão dos beneficiários e/ou da sua família. Os dados a este respeito foram obtidos junto dos beneficiários e, nessa base, foram agrupados em diferentes categorias profissionais, de acordo com escala desenvolvida por Pandya e Pandya (2008) e atribuiu as pontuações abaixo indicadas.

Não.	Categoria	Pontuação
1.	Trabalho contratual no âmbito do MNREGA	5
2.	Trabalho agrícola/agrícola	4

3.	Atividade profissional qualificada	3
4.	Serviço em privado	2
5.	Atividade profissional não qualificada	1

4.4.2.9 Participação social

No presente estudo, a participação social foi operacionalizada como o grau em que um indivíduo estava associado a diferentes organizações sociais formais. Foi recolhida a informação relativa à participação dos beneficiários nas organizações sociais como membros ou como titulares de cargos e, com base nisso, foram categorizados em diferentes níveis, de acordo com a escala desenvolvida por Pandya e Pandya (2008). O sistema de pontuação seguido foi o seguinte: participação social.

Não.	Categoria	Pontuação
1.	Participação em actividades comunitárias	5
2.	Titular de cargo ativo	4
3.	Contribuição financeira ou fundo de maneio para o Comité	3
4.	Participação na organização social	2
5.	Participação na organização política	1
6.	Sem participação	0

4.4.2.10 Fonte de informação

As fontes de informação desempenham um papel importante na difusão da inovação ou de uma nova ideia. A fonte de comunicação é operacionalizada como a fonte através da qual os beneficiários obtêm informações sobre uma nova ideia ou método sobre o programa de trabalho/salário. A utilização das fontes de informação foi medida tendo em consideração todas as fontes possíveis disponíveis para os beneficiários do MNREGA. Foi pedido a cada beneficiário que indicasse de que fontes obtém informações para utilização no programa MNREGA. As pontuações atribuídas foram 3, 2 e 1, respetivamente. A pontuação final foi calculada através da soma das pontuações obtidas pelos beneficiários em todas as actividades. Com base nas respostas, a frequência e a percentagem foram calculadas em relação a cada item. **4.4.2.11 Participação na extensão**

Refere-se ao grau de participação dos beneficiários da MNREGA nas actividades de extensão durante o último ano. Para avaliar o grau de participação dos beneficiários da MNREGA nas actividades de extensão, foram enumeradas as diferentes actividades. A pontuação atribuída foi de 1 e 0, respetivamente. A pontuação final foi calculada através da soma das pontuações, de acordo com a escala desenvolvida por Siddaramainh e Jalihal (1983).

Com base na média ± S.D., os beneficiários do MNREGA foram classificados em três grupos: baixo, médio e alto.

Não.	Categoria	Pontuação
1.	Baixa	< Média - S. D.
2.	Médio	Média ± S. D.
3.	Elevado	> Média + S. D.

4.4.2.12 Motivação económica

A motivação económica foi medida com a ajuda da escala de motivação económica desenvolvida por Supe (2007). A escala era composta por cinco afirmações.

As respostas dos beneficiários foram obtidas em relação a cada um dos itens, em termos de concordância ou discordância com a afirmação, numa escala contínua de cinco pontos que vai do concordo totalmente ao discordo totalmente. As afirmações positivas e negativas foram classificadas da seguinte forma.

Declaração	Classificação da resposta				
	Concordo totalmente	De acordo	Indecisos	Não concordo	Fortemente Não concordo
Positivo	1	2	3	4	5
Negativo	5	4	3	2	1

A pontuação da motivação económica de um inquirido individual foi a soma total das pontuações de todas as afirmações incluídas na escala. Os beneficiários foram agrupados em três categorias com base na média e no desvio-padrão da pontuação total.

Não.	Categoria	Pontuação
1.	Baixa	< Média - S. D.
2.	Médio	Média ± S. D.
3.	Elevado	> Média + S. D.

4.4.2.13 Capacidade de inovação

A capacidade de inovação era o grau em que um indivíduo estava relativamente adiantado no estado de prontidão para aceitar as novas ideias/práticas quando comparado com outros membros do sistema social. Foi utilizada a escala desenvolvida por Padmaiah (1995), com as devidas alterações, que consiste em cinco afirmações. A resposta dos beneficiários foi registada numa escala contínua de três pontos: concordo, indeciso e discordo. Foi atribuída a pontuação de 3, 2 e 1, respetivamente.

As pontuações máxima e mínima obtidas por um indivíduo na escala foram 15 e 5. A pontuação máxima revela um elevado grau de carácter inovador. Além disso, os beneficiários foram agrupados em três categorias, *ou seja,* baixo, médio e elevado grau de inovação, utilizando a média e o desvio-padrão como medida de controlo. Foram utilizadas frequências e percentagens para apresentar os dados.

Não.	Categoria	Pontuação
1.	Baixa	< Média - S. D.
2.	Médio	Média ± S. D.
3.	Elevado	> Média + S. D.

4.4.2.14 Atitude em relação ao MNREGA

Neste estudo, foi feita uma tentativa de desenvolver uma escala que possa medir cientificamente a atitude dos beneficiários em relação ao MNREGA. Entre as técnicas disponíveis para o desenvolvimento de escalas, a escala de intervalos de igual aparência de Thurston (1928) e a escala de classificação somada de Likert (1932) são bastante conhecidas. No entanto, ambos os métodos sofrem de limitações, a primeira na obtenção de respostas discriminadas e a segunda na seleção dos itens. Assim, a técnica escolhida para desenvolver a escala de atitudes foi o "Método do Produto da Escala", que combina a técnica de Thurston da escala de intervalos de igual aparência para a seleção dos itens e as técnicas de Likert da classificação total para determinar a resposta na escala, tal como proposto por Eysenck e Crown (1949).

Etapas do desenvolvimento de uma escala de atitudes

As etapas do desenvolvimento da escala de atitudes são apresentadas na Fig. 4 e discutidas a seguir:

4.4.2.14.1 Recolha de itens

Os itens que compõem uma escala de atitudes são conhecidos como afirmações. As afirmações foram recolhidas da literatura relevante e construídas através de discussões com peritos, guias principais e pessoal de extensão. As afirmações assim selecionadas foram editadas com base nos critérios estabelecidos por Edward (1957).

4.4.2.14.2 Análise de itens

Setenta fragmentos destas afirmações foram distribuídos por 70 peritos selecionados que trabalham no Departamento de Educação para a Extensão e na Direção de Educação para a Extensão de quatro universidades agrícolas de Gujarat, bem como no Instituto de Educação para a Extensão da Universidade Agrícola de Anand. Pediu-se aos juízes que avaliassem o grau de desfavorabilidade ou favorabilidade de cada afirmação para a sua inclusão na escala final no intervalo contínuo de cinco pontos de igual aparência. Destes 70 peritos, apenas 50 devolveram as afirmações depois de registarem devidamente as suas apreciações e foram considerados para a análise.

4.4.2.14.3 Determinação dos valores da escala e do quartil (Q)

Os dados recolhidos junto dos cinquenta juízes foram organizados da forma apresentada no Quadro 3, que mostra a distribuição de frequências das decisões tomadas pelos juízes relativamente à afirmação número 1 numa escala contínua de cinco pontos.

Quadro 3: Distribuição de frequências das sentenças proferidas pelos juízes em cinco pontos
contínuo para a Declaração n.º 1 (n=50)

Não.	Categoria	Marcas de registo	Frequência das respostas
1.	Concordo plenamente	THI I	06
2.	Concordo	ПН IHI	10
3.	Indecisos	IHI	05
4.	Não concordo	IHI IHI HH ПН IIII	24
5.	Discordo totalmente	ВЯ	05
Total			**50**

Como se pode ver no Quadro 4, foram utilizadas três linhas para cada afirmação. A primeira linha indica a frequência com que a afirmação foi colocada em cada uma das cinco categorias. A segunda linha apresenta estas frequências como proporções.

As proporções são obtidas dividindo cada frequência por n, ou seja, o número total de juízes (neste caso, 50). A terceira linha apresenta as proporções cumulativas, ou seja, a proporção das decisões numa determinada categoria mais a soma de todas as proporções abaixo das categorias.

Quadro 4: Resumo das apreciações efectuadas pelos juízes numa escala contínua de cinco pontos para
Declaração n.º 1 (n=50)

Declaração n.º 1	Ordenar categorias					Valor da escala	Valor do quartil
	1	2	3	4	5		
F	06	10	05	24	05	**3.7**	**2.03**

P (Pw)	0.12	0.2	0.1	0.48	0.1	
Cp (sPb)	0.12	0.32	0.42	0.90	1.00	

Se a mediana da distribuição do julgamento para cada afirmação for considerada como o valor da escala da afirmação, então os valores da escala podem ser encontrados a partir dos dados dispostos no Quadro 4 através da seguinte fórmula.

$$C_{50} = L + \frac{0.50 - \sum Pb}{Pw} \times i$$

Onde,

C50 =Valor médio ou de escala da afirmação

L=Limite inferior do intervalo em que se situa o percentil 50 th

Pb =Soma da proporção abaixo do intervalo em que o 50th centile falls

Pw =A proporção dentro do intervalo em que se situa o percentil 50 th

i=a largura do intervalo e assume-se como sendo igual a 1,0 (um).

Substituindo os valores na fórmula acima para encontrar o valor da escala para a afirmação número 1 na Tabela 4, temos

$$C_{50} = 3.5 + \frac{0.50 - 0.42}{0.48} \times 1 = 3.7$$

(Assume-se que o intervalo representado pelo número atribuído a uma determinada categoria varia entre 0,50 de uma unidade abaixo e 0,50 de uma unidade acima do número atribuído. Assim, o limite inferior do intervalo representado pela categoria à qual foi atribuído o número 1 é 3,5 e o limite superior é 4,5).

O valor da escala pode ser encontrado da mesma forma para as outras afirmações.

Thurstone e Chave (1928) utilizaram o intervalo interquartil Q como meio de variação da distribuição dos julgamentos para uma determinada afirmação. Para determinar o valor de Q, foram medidos dois outros pontos, o centil 75th e o centil 25th . O centésimo 25th foi obtido pela fórmula.

$$C_{25} = L + \frac{0.25 - \sum Pb}{Pw} \times i$$

Onde,

C25 =O valor mediano ou de escala da afirmação

L=O limite inferior do intervalo em que se situa o percentil 25 th

Pb =A soma da proporção abaixo do intervalo em que o 25th centile falls

Pw =A proporção dentro do intervalo em que se situa o percentil 25 th

i=A largura do intervalo e assume-se como sendo igual a 1,0 (um).

Para a afirmação número 1 da Tabela 4, temos

$$C_{25} = L + \frac{0.25 - \sum Pb}{Pw} \times i$$

$$C_{25} = 1.5 + \frac{0.25 - 0.12}{0.2} \times 1$$

$$C_{25} = 1.5 + 0.65$$

$$\mathbf{C_{25} = 2.15}$$

O percentil 75th foi obtido pela seguinte fórmula.

$$C_{75} = L + \frac{0.75-\sum Pb}{Pw} \times i$$

Onde,

$C75$ =O	valor mediano ou de escala da afirmação
L=O	limite inferior do intervalo em que se situa o percentil 75th
Pb =A	soma da proporção abaixo do intervalo em que se situa o percentil 75th
Pw =A	proporção dentro do intervalo em que se situa o percentil 75th
i=A	largura do intervalo e assume-se como sendo igual a 1,0 (um).

Para a afirmação número 1 da Tabela 4, temos

$$C_{75} = L + \frac{0.75-\sum Pb}{Pw} \times i$$

$$C_{75} = 3.5 + \frac{0.75-0.68}{0.48} \times 1$$

$$C_{75} = 3.5 + 0.68$$

$$\mathbf{C_{75} = 4.18}$$

Então, o intervalo interquartil seria dado pela diferença entre $C75$ e $C25$, portanto,

Q = $C75$ - $C25$

Substituindo os valores,

Q = 4.18 - 2.15

Q = 2.03

Desta forma, o intervalo interquartil (Q) de cada afirmação foi calculado para determinar a ambiguidade das afirmações. Só foram selecionadas as afirmações cujos valores medianos eram superiores ao valor Q. No caso da afirmação 1, S = 3,7 e Q = 2,03, pelo que foi selecionada a afirmação número um.

Quadro 5: Seleção das afirmações para a escala de atitudes com base no valor da escala e intervalo interquartil

Não.	Declarações / Itens	S Valor	Q Valor	Observação
08	O MNREGA ajuda os beneficiários a melhorar o seu estatuto pessoal e socioeconómico.	**1.6**	**1.1**	**Selecionado**
21	Os salários agrícolas nas zonas rurais aumentaram devido à aplicação do MNREGA.	1.6	1.3	Rejeitado
33	O MNREGA proporciona proteção contra a pobreza extrema.	**1.7**	**1.1**	**Selecionado**
25	Há falta de transparência na execução do MNREGA.	1.7	2.6	Rejeitado
35	Após o MNREGA, a sensibilização dos aldeões para os programas do Governo aumentou.	1.7	2.1	Rejeitado
03	O MNREGA é útil para reduzir a migração dos trabalhadores rurais.	**1.8**	**0.8**	**Selecionado**
09	O processo de obtenção das prestações do MNREGA é complexo.	1.8	0.9	Rejeitado
18	O MNREGA não consegue proporcionar trabalho regular aos beneficiários.	1.8	1.0	Rejeitado

20	Apenas as pessoas influentes beneficiam do MNREGA.	1.8	1.1	Rejeitado
13	MNREGAmelhorar as mulheres capacitação nas zonas rurais.	**2.1**	**1.5**	**Selecionado**
34	O MNREGA confere independência económica às mulheres.	2.1	1.6	Rejeitado
07	O MNREGA funciona com base no princípio da democracia de base.	**2.2**	**1.2**	**Selecionado**
15	O MNREGA trabalha pouco e faz mais propaganda.	2.2	2.1	Rejeitado
16	O modo de pagamento do salário no MNREGA não é correto.	2.2	1.5	Rejeitado
17	Os fundos do projeto não são devidamente utilizados.	2.2	1.4	Rejeitado
28	O processo de seleção dos beneficiários do MNREGA é imparcial.	2.2	1.6	Rejeitado
11	Não gosto de aconselhar ninguém a aderir ao MNREGA.	**2.3**	**1.7**	**Selecionado**
32	O MNREGA reforça a segurança alimentar.	2.3	2.2	Rejeitado
05	As aldeias são desenvolvidas com a ajuda do MNREGA.	2.4	2.1	Rejeitado
31	O estado nutricional e de saúde dos beneficiários melhora devido ao MNREGA.	**2.4**	**2.0**	**Selecionado**
30	Sinto-me orgulhoso por trabalhar no programa MNREGA.	**2.7**	**1.7**	**Selecionado**
24	Não existe uma coordenação adequada entre o pessoal do programa e os beneficiários.	2.7	2.0	Rejeitado
06	O processo de obtenção do cartão de emprego no MNREGA é muito rápido.	**3.0**	**2.2**	**Selecionado**
23	O MNREGA aumenta a corrupção nas zonas rurais.	**3.2**	**1.8**	**Selecionado**
22	O MNREGA cria novas oportunidades de emprego nas zonas rurais.	**3.3**	**2.0**	**Selecionado**
2	O MNREGA é a melhor fonte de emprego.	**3.5**	**2.1**	**Selecionado**
4	Sinto-me satisfeito com os salários pagos no âmbito do MNREGA.	3.6	2.3	Rejeitado
10	O MNREGA aumenta o poder de compra dos beneficiários.	3.6	1.9	Rejeitado
12	A escassez de mão de obra no sector agrícola deve-se ao MNREGA.	**3.6**	**1.7**	**Selecionado**
27	É efectuada uma avaliação adequada para verificar a qualidade do trabalho.	3.6	2.0	Rejeitado
1	O MNREGA é eficaz no reforço da segurança dos meios de subsistência nas zonas rurais.	**3.7**	**2.0**	**Selecionado**
26	O MNREGA funciona como uma rede de	3.7	2.2	Rejeitado

	segurança eficaz para os desempregados, especialmente durante a fome e a seca.			
29	Não há discriminação no pagamento de salários a homens e mulheres no MNREGA.	3.7	2.1	Rejeitado
14	O MNREGA não é frutuoso devido ao seu modelo de trabalho ineficaz.	**3.8**	**2.7**	**Selecionado**
19	A execução do projeto a nível das bases é ineficaz.	3.8	2.9	Rejeitado

Thurstone e Chave (1928) descreveram outros critérios, para além do Q, como base para rejeitar afirmações em escalas construídas pelo método do intervalo de aparência igual. Assim, quando algumas afirmações tinham os mesmos valores de escala, eram selecionadas as afirmações com valores Q mais baixos. Para compreender este procedimento, podem examinar-se as afirmações da escala do Quadro 5.

4.4.2.14.4 Declarações finais para a escala

Quando houve uma boa concordância entre os juízes, no julgamento do grau de concordância ou discordância de uma afirmação, o Q foi menor em comparação com o valor de escala obtido. Assim, apenas foram selecionadas as afirmações cujos valores da mediana (escala) eram superiores aos valores de Q. No entanto, quando algumas afirmações tinham valores de escala mais ou menos semelhantes, foram selecionadas as afirmações com o valor Q mais baixo. Com base nos valores da mediana e do Q, foram finalmente selecionadas 15 afirmações da lista original, com os números 1,2,3,6,7,8,11,12,13,14,22,23,30,31 e 33, para constituir a escala de atitudes.

4.4.2.14.5 Método de pontuação para determinar a fiabilidade

As 15 afirmações selecionadas para o formato final da escala de atitudes foram dispostas aleatoriamente para evitar enviesamentos de resposta, que poderiam contribuir para uma baixa fiabilidade e para a diminuição da validade da escala. Em relação a estas 15 afirmações, existiam cinco colunas que representavam um continuum de cinco pontos de concordância e discordância em relação às afirmações, tal como seguido por Likert (1932) na sua técnica de avaliação sumária da medição de atitudes. Os cinco pontos do continuum eram: concordo totalmente, concordo, indeciso, discordo e discordo totalmente, com pesos respectivos de 5, 4, 3, 2 e 1 para as afirmações favoráveis e com pesos respectivos de 1, 2, 3, 4 e 5 para as afirmações desfavoráveis. Os pesos da técnica de Likert e o valor da escala da técnica de Thurstone foram combinados sob a forma de um produto e a pontuação total de um indivíduo foi a soma do produto.

4.4.2.14.6 Fiabilidade da escala

Uma escala é fiável quando produz consistentemente os mesmos resultados quando aplicada à mesma amostra. No presente estudo, devido ao tempo e aos recursos limitados de que o investigador dispunha, foi utilizado o método "split-half" para testar a fiabilidade.

As 15 afirmações foram divididas em duas metades, com 8 afirmações de número ímpar numa metade e 7 afirmações de número par na outra. Estas foram administradas a 25 beneficiários do MNREGA que não responderam. Cada um dos dois conjuntos de afirmações foi tratado como uma escala separada e, em seguida, estas duas subescalas foram correlacionadas. O coeficiente de fiabilidade foi calculado segundo a fórmula de Rulon (Guilford, 1954), que se cifrou em 0,85. A fiabilidade está diretamente relacionada com o comprimento da escala quando a dividimos em itens pares e ímpares. O coeficiente de fiabilidade calculado é o valor de metade do tamanho da escala original. Assim, o fator de correção é calculado através da fórmula de Spearman Brown. O coeficiente de fiabilidade foi calculado com base na fórmula de Spearman Brown, que se traduziu em 0,85. Para compreender este procedimento, podem examinar-se as afirmações relativas à escala no Quadro 6.

Quadro 6: Fiabilidade da escala

Responder a amolgadelas	Pontuação das afirmações ímpares (x_o)	Pontuação das afirmações pares (x_e)	d = ($X0 - x_e$)	d^2	t = ($x_o + x_e$)	t^2
1	23	21	2	4	44	1936
2	28	28	0	0	56	3136
3	27	25	2	4	52	2704
4	23	25	-2	4	48	2304
5	30	29	1	1	59	3481
6	29	28	1	1	57	3249
7	26	25	1	1	51	2601
8	24	22	2	4	46	2116
9	27	28	-1	1	55	3025
10	27	28	-1	1	55	3025
11	24	24	0	0	48	2304
12	27	23	4	16	50	2500
13	26	26	0	0	52	2704
14	27	26	1	1	53	2809
15	26	23	3	9	49	2401
16	30	26	4	16	56	3136
17	22	24	-2	4	46	2116
18	30	28	2	4	58	3364
19	24	22	2	4	46	2116
20	26	25	1	1	51	2601
21	29	27	2	4	56	3136
22	27	24	3	9	51	2601
23	27	27	0	0	54	2916
24	25	23	2	4	48	2304
25	29	27	2	4	56	3136
Total			**$\sum d = 29$**	**$\sum d^2 = 97$**	**$\sum t = 1297$**	**$\sum t^2 = 67721$**

Fórmula de Rulon:

$$rtt = 1 - \frac{\sigma^2 d}{\sigma^2 t}$$

Onde;

$$\sigma^2 d = \frac{\sum d^2 - \frac{(\sum d)^2}{25}}{25}$$

$$\sigma^2 t = \frac{\sum t^2 - \frac{(\sum t)^2}{25}}{25}$$

Cálculo:

$\sum d = 29$

$\sum d^2 = 97$

$t = 1297$

$\sum t^2 = 67721$

$n = 25$

$$\sigma^2 d = \frac{\sum d^2 - \frac{(\sum d)^2}{25}}{25}$$

$$= \frac{97 - \frac{841}{25}}{25}$$

$$= \frac{97 - 33.64}{25}$$

$$= \frac{63.36}{25}$$

$$= 2.53$$

$$\sigma^2 t = \frac{\sum t^2 - \frac{(\sum t)^2}{25}}{25}$$

$$= \frac{67721 - \frac{(1297)^2}{25}}{25}$$

$$= \frac{67721 - \frac{1682209}{25}}{25}$$

$$= \frac{67721 - 67288.36}{25}$$

$$= \frac{432.64}{25}$$

$$= 17.31$$

$$rrt = 1 - \frac{\sigma^2 d}{\sigma^2 t}$$

$$= 1 - \frac{2.53}{17.31}$$

$$= 1 - 0.15$$

$$= 0.85$$

4.4.2.14.7 Validade de conteúdo da escala

A validade de conteúdo da escala foi examinada para determinar em que medida o conteúdo da escala era representativo do domínio em estudo. Uma vez que foi selecionado o maior número possível de itens sobre o tema em estudo, através de discussão com peritos, revisão da literatura e cumprimento rigoroso das classificações do juiz, a escala foi considerada válida.

4.4.2.14.8 Administração da escala desenvolvida

Foi pedido aos beneficiários do MNREGA que expressassem a sua atitude em termos de concordância ou discordância com cada item, selecionando uma de cinco respostas. As respostas foram classificadas em três categorias com base na média e no desvio-padrão, *a saber,* atitude menos favorável, moderadamente favorável e altamente favorável em relação ao MNREGA.

Não.	Categoria	Pontuação
1.	Atitude menos favorável	< Média - S. D.
2.	Atitude moderadamente favorável	Média ± S. D.
3.	Atitude altamente favorável	> Média + S. D.

4.4.2.15 Conhecimentos sobre o MNREGA

No presente estudo, o conhecimento foi operacionalizado como um conjunto de informações compreendidas que um indivíduo possui sobre o MNREGA. Para medir os conhecimentos dos beneficiários do MNREGA sobre o MNREGA, foi desenvolvido um teste de conhecimentos. O teste era constituído por afirmações; as afirmações foram selecionadas com base nos conhecimentos sobre o MNREGA. Essas afirmações foram discutidas com os especialistas na matéria e, por fim, foram incluídas no programa de entrevistas. No total, foram formuladas 25 afirmações com duas opções, de modo a obter uma resposta exacta. Foi atribuída uma pontuação de um à resposta conhecida e zero à resposta não conhecida. As pontuações máxima e mínima obtidas por um indivíduo no teste foram de 25 para 0 e a pontuação final foi calculada através da soma das pontuações.

Os beneficiários foram agrupados em três categorias utilizando a fórmula Média ± S.D.

Não.	Categoria	Pontuação
1.	Baixa	< Média - S. D.
2.	Médio	Média ± S. D.
3.	Elevado	> Média + S. D.

Além disso, os conhecimentos dos beneficiários também foram analisados através da frequência e da percentagem de beneficiários que deram as respostas corretas às afirmações sobre conhecimentos, tendo as afirmações sido classificadas de acordo com a sua frequência.

4.4.3 Medição da variável dependente

Impacto socioeconómico do MNREGA nos beneficiários

A variável dependente no presente estudo foi o impacto socioeconómico do MNREGA nos beneficiários. No contexto do presente estudo, o impacto socioeconómico foi definido como a alteração das condições socioeconómicas dos beneficiários da MNREGA devido à sua participação ativa nas actividades da MNREGA e à obtenção de benefícios da mesma. A avaliação do impacto socioeconómico foi categorizada em seis aspectos: (i) alteração do rendimento, (ii) alteração do estatuto social, (iii) alteração do padrão de despesas, (iv) alteração dos bens materiais, (v) alteração do hábito de poupança e (vi) alteração do emprego dos beneficiários da MNREGA.

O procedimento adotado para medir a variação do rendimento, a variação do estatuto social, a variação do padrão de despesas, a variação dos bens materiais, a variação do hábito de poupança e a variação do emprego é descrito a seguir.

4.4.3.1 Variação dos rendimentos

Foi considerado como uma alteração do rendimento dos beneficiários e medido em termos da diferença entre o rendimento dos beneficiários após a participação na MNREGA e o rendimento dos beneficiários antes da participação na MNREGA e, por fim, foi convertido em percentagem de alteração.

Além disso, a frequência dos beneficiários foi calculada para cada item em termos de antes e depois da adesão ao MNREGA e a alteração da percentagem dos beneficiários foi calculada utilizando a seguinte fórmula.

Diferença de rendimento em rupias
Variação percentual do rendimento =x 100
Rendimento de base em rupias

Com base na variação percentual do rendimento, os beneficiários foram classificados em três grupos: baixo, médio e elevado.

Não.	Categoria	Variação percentual do rendimento
1.	Baixa	Até 33
2.	Médio	34 a 66
3.	Elevado	Acima de 66

4.4.3.2 Mudança de estatuto social

A pontuação seria atribuída a várias declarações de alteração do estatuto social e a pontuação foi calculada para os beneficiários individuais. Esta alteração foi considerada como uma alteração do estatuto social e foi medida em termos da diferença entre a pontuação do estatuto social dos beneficiários após a participação na MNREGA e a pontuação do estatuto social dos beneficiários da MNREGA antes da participação dos beneficiários na MNREGA e, finalmente, foi convertida em percentagem de alteração.

A frequência dos beneficiários foi calculada para cada item em termos de antes e depois da adesão ao MNREGA e a alteração da percentagem dos beneficiários foi calculada utilizando a seguinte fórmula.

Diferença na pontuação do estatuto social
Alteração percentual do estatuto social =x 100
Pontuação de base do estatuto social

Com base na percentagem de alteração do estatuto social, os beneficiários foram classificados em três grupos: baixo, médio e elevado.

Não.	Categoria	Alteração percentual do estatuto social
1.	Baixa	Até 33
2.	Médio	34 a 66
3.	Elevado	Acima de 66

4.4.3.3 Alteração do padrão de despesas

A mudança no padrão de despesas denota a mudança nas despesas em rupias com as condições de vida, o padrão de vestuário, os hábitos alimentares e os aspectos educativos das crianças. Esta mudança é considerada como uma mudança no padrão de despesas dos beneficiários e é medida em termos de diferença entre o padrão de despesas dos beneficiários após a participação no MNREGA e o padrão de despesas antes da participação.

A alteração do padrão de despesas foi avaliada em função de quatro categorias: (i) hábitos alimentares, (ii) padrão de vestuário, (iii) alteração das condições de vida e (iv) alteração do aspeto educativo. A frequência e a percentagem de beneficiários foram calculadas para cada aspeto do padrão de despesas utilizando a seguinte fórmula.

Diferença no padrão de despesas

Variação em percentagem em rupias

padrão de despesas = x 100

Padrão de despesas de base

em rupias

Com base na variação percentual do padrão de despesas, os beneficiários foram categorizados em três grupos: baixo, médio e alto.

Não.	Categoria	Variação percentual do padrão de despesas
1.	Baixo	Até 33
2.	Médio	34 a 66
3.	Elevado	Acima de 66

4.4.3.4 Alteração da posse de material

A pontuação seria atribuída a vários materiais domésticos e agrícolas e a pontuação da posse de materiais foi calculada para os beneficiários individuais. Esta alteração foi considerada como uma alteração na posse de materiais e foi medida em termos da diferença entre a pontuação da posse de materiais dos beneficiários após a participação na MNREGA e a pontuação da posse de materiais dos beneficiários antes da participação na MNREGA e, por fim, foi convertida em percentagem de alteração.

A frequência dos beneficiários foi calculada para cada item em termos de antes e depois da adesão ao MNREGA e a alteração da percentagem dos beneficiários foi calculada utilizando a seguinte fórmula.

Diferença na pontuação do material

Variação percentual da posse

posse material =x 100

Nota base do material

posse

Com base na percentagem de mudança na pontuação da posse de materiais, os beneficiários foram classificados em três grupos: baixo, médio e alto.

Não.	Categoria	Variação percentual da posse de material
1.	Baixo	Até 33
2.	Médio	34 a 66
3.	Elevado	Acima de 66

4.4.3.5 Alteração do hábito de poupança

Estas alterações são consideradas como alterações em termos de rupias poupadas e medidas em termos de diferença entre o hábito de poupança dos beneficiários após a participação na MNREGA e o hábito de poupança dos beneficiários antes da participação na MNREGA e, por fim, foram convertidas em frequência e alterações percentuais.

A frequência dos beneficiários foi calculada para cada item em termos de antes e depois da adesão ao MNREGA e a alteração da percentagem dos beneficiários foi calculada utilizando a seguinte fórmula.

Variação percentual na Diferença na poupança em rupias hábito de poupança =x 100

Poupança de base em rupias

Com base na percentagem de alteração do hábito de poupança, os beneficiários foram classificados em três grupos: baixo, médio e elevado.

Não.	Categoria	Alteração percentual do hábito de poupança
1	Baixo	Até 33
2	Médio	34 a 66
3	Elevado	Acima de 66

4.4.3.6 Variação do emprego

A variação do emprego é considerada como um aumento do emprego em dias-homem e é medida em termos da diferença entre o emprego em dias-homem após a participação dos beneficiários na MNREGA e o emprego dos beneficiários em dias-homem antes da participação na MNREGA, sendo finalmente convertida em frequência e percentagem.

Além disso, a frequência dos beneficiários foi calculada para cada item em termos de antes e depois da adesão ao MNREGA e a alteração da percentagem dos beneficiários foi calculada utilizando a seguinte fórmula.

Diferença de emprego em

Variação percentual dos dias-homem

emprego =x 100

Emprego de base em dias-homem

Com base na variação percentual do emprego, os beneficiários foram categorizados em três grupos: baixo, médio e alto.

Não.	Categoria	Variação percentual do emprego
1.	Baixa	Até 33
2.	Médio	34 a 66
3.	Elevado	Acima de 66

4.3.7 Impacto socioeconómico global do MNREGA nos beneficiários

O impacto socioeconómico global do MNREGA nos beneficiários foi calculado somando a pontuação das seis dimensões do impacto socioeconómico e convertendo-a em variação percentual.

A variação percentual do impacto socioeconómico foi calculada com a ajuda da seguinte fórmula.

Diferença de pontuação entre os seis

Impacto socioeconómico global dimensões do índice de impacto socioeconómico=

x 100

Soma da pontuação de base das seis

dimensões do impacto socioeconómico

Com base na percentagem de alteração das condições socioeconómicas globais, os beneficiários foram classificados em três grupos: baixo, médio e elevado.

Não.	Categoria	Variação socioeconómica global em
1	Baixa	Até 33

2	Médio	34 a 66
3	Elevado	Acima de 66

4.5 Ferramentas para o estudo

O programa da entrevista foi elaborado como instrumento de recolha das informações necessárias.

4.5.1 Elaboração de um programa de entrevistas

O programa de entrevistas foi elaborado de forma a abranger todos os aspectos pertinentes à luz dos objectivos. Para elaborar o programa de entrevistas, o investigador utilizou a literatura disponível e também obteve orientação do guia principal, do comité consultivo, do pessoal do Departamento de Educação para a Extensão, bem como da Direção de Educação para a Extensão e de outros peritos da Universidade Agrícola de Saradarkrushinagar Dantiwada.

4.5.2 Pré-teste de um guião de entrevista

O programa da entrevista foi elaborado tendo em conta todos os aspectos pertinentes à luz dos objectivos. Este é apresentado no Apêndice B. Para elaborar o programa de entrevistas, o investigador utilizou a literatura disponível e também obteve orientações do guia principal, do comité consultivo e dos membros do pessoal da disciplina de Educação para a Extensão.

O pré-teste do programa de entrevistas foi efectuado através de entrevistas a dez beneficiários não incluídos na amostra. No momento do pré-teste, foi explicado aos beneficiários o objetivo da entrevista e do estudo. Com base no pré-teste, foram introduzidas as alterações necessárias no projeto final do programa de entrevistas.

4.6 Método de recolha de dados

Os dados deste estudo foram recolhidos através de uma entrevista pessoal com os beneficiários durante o mês de março de 2017. Os beneficiários foram contactados pessoalmente na sua residência ou no seu local de trabalho de uma forma informal. Antes da entrevista, o investigador explicou-lhes as finalidades e os objectivos do estudo para obter respostas corretas e sinceras.

Foram envidados todos os esforços possíveis para manter uma atmosfera amigável, a fim de obter respostas imparciais dos beneficiários. As perguntas do programa de entrevistas foram colocadas uma a uma e as suas respostas foram registadas no local.

4.7 Constrangimentos enfrentados pelos beneficiários do MNREGA

Os condicionalismos foram definidos, em termos operacionais, como as dificuldades sentidas pelos beneficiários para atingir o objetivo do MNREGA.

A fim de conhecer os constrangimentos reais que impedem a obtenção dos benefícios do MNREGA, foi feita aos beneficiários uma pergunta aberta sobre as dificuldades que enfrentam no programa MNREGA. A intensidade de cada constrangimento foi calculada em percentagem de acordo com a frequência dos beneficiários em relação aos constrangimentos e, finalmente, a classificação foi atribuída com base na percentagem.

4.8 Sugestões para ultrapassar os condicionalismos

Para ultrapassar os constrangimentos enfrentados pelos beneficiários na obtenção dos benefícios do MNREGA, foi-lhes pedido que expressassem as suas valiosas sugestões. As sugestões apresentadas foram tabuladas de acordo com a frequência e a percentagem de beneficiários e foi-lhes atribuída uma classificação.

4.9 Análise estatística

Os dados recolhidos foram classificados, tabulados e analisados a fim de tornar os resultados significativos para a interpretação e a elaboração de conclusões pertinentes. Para o efeito, foram utilizados os seguintes métodos estatísticos (Sahu, 2010).

4.9.1 Percentagem

A interpretação simples foi feita com base na frequência e nos valores percentuais.

4.9.2 Média aritmética (X)

A média aritmética foi obtida dividindo a pontuação total pelo número de beneficiários do MNREGA.

4.9.3 Desvio padrão (S.D.)

O desvio padrão foi calculado utilizando a seguinte fórmula.

$$S.D. = \sqrt{\frac{\Sigma (X_i - \overline{X})^2}{n-1}}$$

Onde,

S.D. = Desvio padrão

Xi = Item individual da série

X = Média aritmética

n= Número total de beneficiários

4.9.4 Coeficiente de correlação (r)

O coeficiente de correlação foi calculado para determinar a associação entre cada uma das variáveis independentes e as variáveis dependentes. O coeficiente de correlação fornece dois tipos de informação (I) indicação da magnitude da relação e (II) informação sobre a direção da associação (se positiva ou negativa).

$$r = \frac{\Sigma XY - \frac{(\Sigma X)(\Sigma Y)}{n}}{\sqrt{\left[\Sigma X^2 - \frac{(\Sigma X)^2}{n}\right]\left[\Sigma Y^2 - \frac{(\Sigma Y)^2}{n}\right]}}$$

Onde,

r=coeficiente de correlação

E=Soma

X=Variável independente

Y=Variável dependente

n=Número total de beneficiários

4.9.5 Análise de regressão múltipla

Foi utilizada a análise de regressão múltipla para determinar a influência das variáveis independentes na variável dependente. O valor dos coeficientes de regressão foi calculado e testado quanto à sua significância utilizando o teste t com (n-k-1) graus de liberdade.

A equação para a análise de regressão múltipla é um abaixo.

$$\hat{Y}_i = a + b_1X_1 + b_2X_2 + b_3X_3 + \dots\dots\dots + b_kX_k + e_i$$

Onde,

Yi =Variável dependente prevista

a=Interceção

bk =Coeficiente de regressão parcial do respetivo K^{th} independente variáveis

Xk =K^{th} variáveis independentes

ei = termo de erro

4.9.6 Análise de regressão stepwise

Foi utilizada a análise de regressão passo a passo (regressão múltipla) para prever o impacto socioeconómico do MNREGA nos beneficiários, utilizando as variáveis independentes.

A equação de previsão para o mesmo é a seguinte.

$$\hat{Y} = a + b_1X_1 + b_2X_2 + b_3X_3 + \ldots\ldots\ldots + b_kX_k + e_i$$

Onde,

Y=Variável dependente prevista

a=Interceção

$b1,..., b_k$ =Coeficiente de regressão parcial dos respectivos coeficientes independentes variáveis

$x_i,..., x_k$ =K^{th} Variáveis independentes

Após a análise de regressão, o coeficiente de regressão parcial foi testado com o teste F para verificar a sua significância.

4.9.7 Coeficiente de regressão parcial padrão (SPRC)

As diferentes variáveis independentes tinham a sua própria unidade de medida, o que não permitia uma comparação do valor do coeficiente de regressão parcial. Para facilitar a comparação, os valores do coeficiente de regressão parcial (b_i) foram convertidos em valores do coeficiente de regressão parcial padrão (b'_i), que não tinham unidades de medida. Para atribuir a classificação às diferentes variáveis independentes selecionadas, foi utilizado o coeficiente de regressão parcial normalizado (b'_i). Foi calculado utilizando a seguinte fórmula.

$$b_i' = b_i \times \frac{S_X}{S_Y} \times 100$$

Onde,

b_i' = Coeficiente de regressão parcial normalizado

b_i = Coeficiente de regressão parcial

s_{Xi} = S.D. de i^{th} variável independente (Xi)

s_Y = S.D. da variável dependente (Y)

A comparação de quaisquer dois coeficientes de regressão parcial padrão indica a importância relativa das variáveis independentes envolvidas na previsão do comportamento racional. A significância do coeficiente de regressão parcial individual foi testada pelo teste t.

4.9.8 Análise da trajetória

Para conhecer a relação de causa e efeito entre duas variáveis, procedeu-se a uma análise do coeficiente de caminho, de acordo com o procedimento descrito por Dewey e Lau (1959), utilizando as estimativas dos coeficientes de correlação. Os coeficientes de correlação das variáveis independentes com o impacto socioeconómico da MNREGA foram utilizados para estimar o coeficiente de caminho para o efeito indireto de várias variáveis independentes no impacto socioeconómico da MNREGA.

Os coeficientes de trajetória foram obtidos através da resolução de um conjunto de equações simultâneas a seguir apresentadas.

$$
\begin{array}{lllllllll}
r_{1y} = p_{1y} & + r_{12y}p_{2y} & + r_{13y}p_{3y} & + \ldots & r_{1iy}p_{iy} & + \ldots & + r_{1ny}p_{ny} \\
r_{2y} = p_{2y} & + r_{21y}p_{1y} & + r_{23y}p_{3y} & + \ldots & r_{2iy}p_{iy} & + \ldots & + r_{2ny}p_{ny} \\
\vdots & \vdots & & & \vdots & & \vdots \\
r_{iy} = p_{iy} & + r_{i1y}p_{1y} & + r_{i3y}p_{3y} & + \ldots & r_{i(i-1)y}p_{iy} & + \ldots & + r_{iny}p_{ny} \\
\vdots & \vdots & & & \vdots & & \vdots \\
r_{ny} = p_{ny} & + r_{n1y}p_{2n} & + r_{n3y}p_{3n} & + \ldots & r_{n(n-1)y}p_{ny} & + \ldots & + r_{nny}p_{ny}
\end{array}
$$

Onde,

r_{1y} to r_{iy}= Coeficiente de correlação entre Kth variáveis independentes e a variável dependente (Y)

r_{i3} a $r_{i(i-1)}$= Coeficiente de correlação entre variáveis independentes

p_{iy} a p_{ny}= Efeito direto das variáveis independentes de 1 a n na variável dependente (Y) (coeficientes de caminho)

As equações acima foram escritas numa forma matricial e são as seguintes

Matrix-A **Matrix-C** **Matrix-B**

$$
\begin{pmatrix} r_{1y} \\ r_{2y} \\ r_{3y} \\ \vdots \\ r_{iy} \\ \vdots \\ r_{ny} \end{pmatrix}
=
\begin{pmatrix}
1 & r_{12} & r_{13} \ldots\ldots & r_{1i} \\
r_{21} & 1 & r_{23} \ldots\ldots & r_{2i} \\
r_{31} & r_{32} & 1 \ldots\ldots & r_{3i} \\
\vdots & \vdots & & \vdots \\
r_{i1} & r_{i2} & r_{i3} \ldots 1 \ldots & r_{in} \\
\vdots & \vdots & & \vdots \\
r_{n1} & r_{n2} & r_{n3}.r_{ni} \ldots\ldots & 1
\end{pmatrix}
\times
\begin{pmatrix} p_{1y} \\ p_{2y} \\ p_{3y} \\ \vdots \\ p_{iy} \\ \vdots \\ p_{ny} \end{pmatrix}
$$

Com a ajuda da inversão de matrizes, obteve-se a seguinte forma de matriz "C" invertida.

$$B = C^{-1} A$$

Onde,

$$
C^{-1} = \begin{pmatrix}
C_{11} & C_{12} & C_{13} & \ldots & C_{1i} & \ldots & C_{1n} \\
C_{21} & C_{22} & C_{23} & \ldots & C_{2i} & \ldots & C_{2n} \\
C_{31} & C_{32} & C_{33} & \ldots & C_{3i} & \ldots & C_{3n} \\
\vdots & \vdots & \vdots & & \vdots & & \vdots \\
C_{i1} & C_{i2} & C_{i3} & \ldots & C_{ii} & \ldots & C_{in} \\
\vdots & \vdots & \vdots & & \vdots & & \vdots \\
C_{n1} & C_{n2} & C_{n3} & \ldots & C_{ni} & \ldots & C_{nn}
\end{pmatrix}
$$

Os efeitos diretos foram calculados da seguinte forma.

$$p_{1y} = \sum_{i=1}^{n} C_{1i} \times r_{iy}$$

$$p_{2y} = \sum_{i=1}^{n} C_{2i} \times r_{iy}$$

$$p_{3y} = \sum_{i=1}^{n} C_{3i} \times r_{iy}$$

$$\vdots \qquad \vdots \qquad \vdots$$

$$p_{iy} = \sum_{i=1}^{n} C_{ii} \times r_{iy}$$

$$\vdots \qquad \vdots$$

$$p_{ny} = \sum_{i=1}^{n} C_{ni} \times r_{iy}$$

Os efeitos indirectos foram calculados com base nos produtos dos coeficientes de correlação entre as duas variáveis correspondentes e o coeficiente de caminho (efeito direto) que liga o efeito causal ao impacto socioeconómico do MNREGA.

$$R = [\, 1 - (p_{iy}\, r_{iy})\,]^{1/2}$$

Onde,

$$p_{iy}\, r_{iy} = p_{1y} r_{1y} + p_{2y}\, r_{2y} + \ldots + p_{ny}\, r_{ny} = R^2$$

R^2 =Coeficiente de determinação.

CAPÍTULO V

V. RESULTADOS E DISCUSSÃO

Tendo em conta os objectivos do estudo, foram recolhidas as informações necessárias junto dos beneficiários do MNREGA, que foram classificadas, tabuladas e analisadas. Os resultados do estudo, em termos de objectivos, são apresentados de forma sistemática nas rubricas seguintes.

5.1 Perfil dos beneficiários do MNREGA.

5.2 Atitude dos beneficiários em relação ao MNREGA.

5.3 Conhecimento dos beneficiários relativamente ao MNREGA.

5.4 Impacto socioeconómico do MNREGA nos beneficiários.

5.5 Associação entre caraterísticas selecionadas dos beneficiários e o seu impacto socioeconómico no MNREGA.

5.6 Constrangimentos enfrentados pelos beneficiários para usufruir dos benefícios do MNREGA.

5.7 Sugestões para ultrapassar os condicionalismos enfrentados pelos beneficiários para beneficiarem das vantagens do MNREGA.

5.8 Perfil dos beneficiários do MNREGA

A identificação do perfil dos beneficiários do MNREGA era um dos objectivos do presente estudo. Com base na revisão da literatura, foram selecionadas e estudadas algumas das caraterísticas pessoais, sociais, económicas, comunicacionais e psicológicas mais importantes dos beneficiários. Os resultados foram tabulados, analisados e apresentados nas páginas seguintes.

5.1.1 Idade

A idade dos beneficiários é considerada como revelada pelos próprios beneficiários em anos completos à data da entrevista. A informação recolhida sobre a idade dos beneficiários foi agrupada em três categorias, conforme apresentado no Quadro 7.

Table 7: Distribuição dos beneficiários do MNREGA em função da idade

(n=200)

Não.	Categorias	Beneficiários do MNREGA	
		Frequência	Por cento
1.	Idade jovem (18 a 30 anos)	47	23.50
2.	Meia-idade (31 a 50 anos)	134	67.00
3.	Idade avançada (mais de 51 anos)	19	09.50
Total		**200**	**100.00**

Os dados relativos à idade dos beneficiários mencionados no quadro 7 indicam que mais de dois terços (67,00 por cento) dos beneficiários pertenciam ao grupo de meia-idade, seguidos dos jovens e dos idosos, com 23,50 e 9,50 por cento, respetivamente.

Pode assim inferir-se que a maioria dos beneficiários pertencia ao grupo de meia-idade. Em geral, observa-se que as pessoas de meia-idade têm de assumir mais responsabilidades familiares do que as mais jovens e as mais velhas. Esta pode ser a razão pela qual o número de beneficiários foi observado no grupo de meia-idade.

Estas conclusões foram apoiadas pelas conclusões de Bhandarai *et al.* (2013).

5.1.2 Educação

A educação é um processo que permite alterar os conhecimentos, as competências e as atitudes de um indivíduo. A educação numa sociedade é um requisito fundamental para o seu desenvolvimento socioeconómico. A educação formal é útil aos beneficiários para os dotar de literacia funcional. Tendo em conta este facto, foram recolhidas informações sobre o nível de educação dos beneficiários.

Os beneficiários, de acordo com as suas habilitações literárias, foram agrupados em seis categorias, tal como apresentado no quadro 8.

Table 8: Distribuição dos beneficiários do MNREGA de acordo com o seu nível de educação (n=200)

Não.	Nível de escolaridade	Beneficiários do MNREGA	
		Frequência	Por cento
1.	Analfabeto	86	43.00
2.	Literacia funcional	14	07.00
3.	Ensino primário (até 7th standard)	59	29.50
4.	Ensino médio (8th a 10th standard) (secundário)	36	18.00
5.	Escola superior (11th a 12th standard)	05	02.50
6.	Faculdade/Pós-graduação	0	00.00
Total		**200**	**100.00**

Os dados apresentados no Quadro 8 revelam que um pouco mais de dois quintos (43,00 por cento) dos beneficiários eram analfabetos, seguidos de 29,50 por cento, 18,00 por cento, 07,00 por cento e 02,50 por cento que possuíam, respetivamente, o ensino primário, o ensino médio (secundário), o ensino funcional e o ensino superior. Nenhum dos beneficiários possuía um nível de ensino superior ou de pós-graduação.

As razões prováveis para o baixo nível de literacia podem ser o baixo nível de sensibilização da população tribal para a importância da educação, juntamente com instalações escolares insuficientes e restrições financeiras na zona tribal.

Estas conclusões foram apoiadas pelas conclusões de Sissal e Sharma (2014).

5.1.3 Casta

O objetivo do estudo da casta era conhecer o envolvimento das diferentes castas no programa da Lei MNREGA. Os dados recolhidos junto dos beneficiários sobre a sua casta foram classificados em cinco grupos. Os dados a este respeito são apresentados no Quadro 9.

Table 9: Distribuição dos beneficiários do MNREGA de acordo com a sua casta (n=200)

Não.	Categorias	Beneficiários do MNREGA	
		Frequência	Por cento
1.	Geral	00	00.00
2.	OBC	39	19.50
3.	ST	77	38.50
4.	SC	84	42.00
5.	Casta migrante	00	00.00
Total		**200**	**100.00**

A leitura dos dados apresentados no Quadro 9 revelou que um pouco mais de dois quintos (42,00 por cento) dos beneficiários pertenciam a uma casta de registo, enquanto 38,50 por cento e 19,50 por cento dos beneficiários pertenciam a tribos de registo e a outras castas de registo, respetivamente. Nenhum deles pertencia à casta geral e à casta migrante.

Conclui-se, portanto, que a grande maioria (80,50%) dos beneficiários pertencia a castas ou tribos catalogadas. Uma vez que o estudo foi efectuado numa zona tribal, estes resultados são óbvios e esperados.

Estas conclusões foram ainda reforçadas pelos resultados comunicados por Maulik (2009), Jayshree *et al.* (2010) e Mrityunjay (2013).

5.1.4 Tipo de família

Vários sociólogos eminentes reconheceram o tipo de família como um fator social importante. De acordo com o tipo de família, os beneficiários foram agrupados em duas categorias: (i) família nuclear e (ii) família conjunta. Os dados a este respeito são apresentados no quadro 10.

Quadro 10: Distribuição dos beneficiários do MNREGA de acordo com o seu tipo de família(n=200)

Não.	Tipo de família	Beneficiários do MNREGA	
		Frequência	Por cento
1.	Família nuclear	156	78.00
2.	Família conjunta	44	22.00
Total		**200**	**100.00**

Os dados apresentados no quadro 10 revelam que a grande maioria (78,00 por cento) dos beneficiários pertencia a uma família de tipo nuclear e os restantes 22,00 por cento pertenciam a uma família de tipo comum.

Conclui-se dos dados acima referidos que a maioria dos beneficiários tinha uma família de tipo nuclear. A razão provável pode ser a prevalência do sistema familiar de tipo nuclear na zona tribal, que também é dominante.

Estas conclusões foram apoiadas pelas conclusões de Mummulla (2015).

5.1.5 Dimensão da família

A dimensão da família era um fator social importante. Os beneficiários foram agrupados em categorias com base no número total de beneficiários na sua família. Os dados a este respeito são apresentados no quadro 11.

Quadro 11: Distribuição dos beneficiários do MNREGA de acordo com a sua dimensão de família(n=200)

Não.	Dimensão da família (N.º)	Beneficiários do MNREGA	
		Frequência	Por cento
1.	1 a 2 membros	13	06.50
2.	3 a 4 membros	63	31.50
3.	5 a 6 membros	78	39.00
4.	7 a 8 membros	28	14.00
5.	Mais de 8 membros	18	09.00
Total		**200**	**100.00**

Os dados apresentados no Quadro 11 revelaram que um pouco menos de dois quintos (39,00 por cento) dos beneficiários tinham 5 a 6 membros na família, seguidos de 31,50 por cento,

14,00 por cento, 09,00 por cento e 06,50 por cento que tinham 3 a 4 membros, 7 a 8 membros, mais de 8 membros e 1 a 2 membros na família, respetivamente.

A razão provável subjacente a esta tendência dos resultados foi a menor sensibilização para o planeamento familiar entre a população tribal e, consequentemente, o maior número de filhos por família, bem como a prevalência do sistema familiar nuclear na zona rural.

Estes resultados contradizem os resultados de Sarkar *et al.* (2011) e Roy *et al.* (2013).

5.1.6 Propriedade fundiária

A posse de terras é uma das dimensões mais importantes para medir o estatuto económico dos beneficiários. Nesta perspetiva, a posse de terras foi tida em conta no presente inquérito. Os beneficiários foram agrupados em cinco categorias de acordo com a dimensão da sua propriedade fundiária. Os dados a este respeito são apresentados no Quadro 12.

Quadro 12: Distribuição dos beneficiários do MNREGA em função das suas terras exploração (n=200)

Não.	Exploração agrícola (ha)	Beneficiários do MNREGA	
		Frequência	Por cento
1.	Menos terreno	124	62.00
2.	Dimensão marginal (até 1,00 ha)	67	33.50
3.	Pequena dimensão (1,01 a 2,00 ha)	09	04.50
4.	Tamanho médio (2,01 a 4,00 ha)	00	00.00
5.	Grande dimensão (superior a 4,00 ha)	00	00.00
Total		**200**	**100.00**

É óbvio, a partir dos dados apresentados no Quadro 12, que um pouco mais de três quintos (62,00 por cento) dos beneficiários eram sem terra, enquanto 33,50 por cento e 04,50 por cento deles possuíam uma propriedade marginal e pequena, respetivamente. Nenhum deles possuía terras de tamanho médio e grande.

Assim, conclui-se que a grande maioria dos beneficiários (95,50 por cento) não possuía terras ou possuía poucas terras; talvez por esta razão, tenham recorrido ao MNREGA para sustentar os seus meios de subsistência.

As conclusões foram apoiadas pelas conclusões de Bhathi (2015).

5.1.7 Rendimento anual

Em geral, as actividades sólidas e multifacetadas só podiam ser realizadas quando havia dinheiro suficiente disponível. O rendimento anual inclui a quantidade de dinheiro obtido ou ganho durante um ano com o MNREGA e outras fontes relacionadas. Parte-se também do princípio de que a situação económica de um indivíduo afecta o comportamento dos beneficiários. A informação relativa ao rendimento anual foi calculada e os beneficiários foram categorizados conforme indicado no Quadro 13.

Quadro 13: Distribuição dos beneficiários do MNREGA de acordo com o seu rendimento anual

rendimento (n=200)

Não.	Rendimento anual (Rs)	Beneficiários do MNREGA	
		Frequência	Por cento
1.	Baixo (até Rs. 20451.16/-)	26	13.00
2.	Médio (entre Rs. 20451.17 e Rs. 70398.84/-)	136	68.00

3.	Alta (acima de Rs. 70398.84/-)	38	19.00
Total		**200**	**100.00**

Média= 45,425S .D. = 24973

Os resultados do Quadro 13 mostram que a maioria (68,00 por cento) dos beneficiários tinha um rendimento médio entre 20451,16 e 70398,84 rupias por ano, seguido de 19,00 por cento com um rendimento anual elevado, superior a 70398,84 rupias. Apenas 13,00 por cento dos beneficiários tinham um rendimento baixo, até 20451,16 Rs.

A maioria (68,00%) dos beneficiários não possuía terras e as suas principais fontes de rendimento eram o MNREGA, o trabalho não qualificado, o trabalho qualificado e a atividade agrícola. Esta poderá ser a razão provável do seu rendimento anual comparativamente mais baixo.

Estas conclusões foram apoiadas por Mummulla (2015).

5.1.8 Profissão

A ocupação é um fator importante do qual depende a sustentabilidade dos meios de subsistência de um indivíduo. O envolvimento dos beneficiários noutras ocupações pode revelar-se um fator determinante para moldar o impacto socioeconómico do MNREGA, pelo que se estudou a ocupação dos beneficiários e/ou da sua família. Os dados a este respeito são apresentados no Quadro 14.

Table 14: Distribuição dos beneficiários do MNREGA de acordo com a sua profissão (n=200)

Não.	Categorias	Beneficiários do MNREGA	
		Frequência	Por cento
1.	Trabalho contratual no âmbito do MNREGA	05	02.50
2.	Trabalho agrícola/agrícola	76	38.00
3.	Atividade profissional qualificada	20	10.00
4.	Serviço em privado	14	07.00
5.	Atividade profissional não qualificada	85	42.50
Total		**200**	**100.00**

Os dados apresentados no Quadro 14 indicam que um pouco mais de dois quintos (42,50%) dos beneficiários exerciam uma atividade não qualificada para a sua subsistência, enquanto 38,00% dependiam da agricultura/trabalho agrícola. Além disso, 10,00 por cento e 07,00 por cento dos beneficiários exerciam uma atividade profissional qualificada e trabalhavam no sector privado, respetivamente. Apenas 02,50% das pessoas estavam envolvidas em trabalho contratual no MNREGA para a sua subsistência.

Assim, conclui-se que a maioria dos beneficiários não possuía terras ou possuía poucas terras, razão pela qual a mão de obra agrícola não qualificada e a ocupação qualificada eram as suas principais fontes de ocupação geradora de rendimentos.

Estas conclusões estão de acordo com as conclusões de Kyatanagoudar (2011).

5.1.9 Participação social

A participação social refere-se ao envolvimento dos beneficiários em várias organizações existentes na área de estudo. Foi definida como o grau de envolvimento dos beneficiários em organizações informais, quer como membros quer como titulares de cargos. A participação em qualquer organização/instituição formal e informal aumenta a mobilidade social de uma pessoa. Faz com que o participante tenha uma boa relação com outros membros da sua sociedade, o que, por sua vez, ajuda os beneficiários a recolher novas ideias e informações. A organização social e política, *nomeadamente* o clube de jovens, o madal da comunidade, o mahila mandal e os membros do gram panchayat da aldeia. Tendo isto em conta, a participação social foi estudada e os dados relativos à mesma foram apresentados no Quadro 15.

Table 15: Distribuição dos beneficiários do MNREGA de acordo com a sua situação social participação (n=200)

Não.	Participação social	Beneficiários do MNREGA	
		Frequência	Por cento
1.	Participação em actividades comunitárias	128	64.00
2.	Titular de cargo ativo	0	00.00
3.	Contribuição financeira ou fundo de maneio para o Comité	05	02.50
4.	Participação na organização social	07	03.50
5.	Participação na organização política	16	08.00
6.	Sem participação	44	22.00
Total		**200**	**100**

Os dados apresentados no Quadro 15 mostram que a maioria (64,00 por cento) dos beneficiários estava envolvida no trabalho comunitário, enquanto 22,00 por cento não participavam em qualquer organização. Além disso, 08,00 por cento, 03,50 por cento e 02,50 por cento dos beneficiários participavam em organizações políticas, em organizações sociais e em contribuições financeiras ou fundos para o comité, respetivamente. Nenhum deles tinha qualquer participação em barreiras de escritório activas.

A razão provável pode dever-se ao facto de a maioria dos beneficiários depender de um trabalho laborioso para a sua subsistência, pelo que não têm tempo suficiente para participar em actividades sociais.

Estas conclusões contradizem as conclusões de Jat (2010) e Raut (2013).

5.1.10 Fonte de informação

Existem várias fontes de informação através das quais os beneficiários podem obter informações sobre o programa de emprego remunerado. As fontes de informação são a ponte física entre a sua origem e os beneficiários. Os beneficiários têm à sua disposição vários métodos de comunicação, como os formais, informais, os meios de comunicação social e outros, para se familiarizarem com os novos programas de emprego assalariado. Por conseguinte, a fonte de informação dos beneficiários foi considerada a variável independente do estudo. Com base nas informações recolhidas, os beneficiários foram estudados e os dados foram apresentados no Quadro 16.

Table 16: Distribuição dos beneficiários do MNREGA de acordo com a sua fonte de rendimento informação (n=200)

Não.	Nome das fontes	Sempre	Por vezes	Nunca
1.	Vizinho	145 (72.50 %)	50 (25.00 %)	05 (02.50 %)
2.	Amigos	130 (65.00 %)	45 (22.50 %)	25 (12.50 %)

3.	Familiares	120 (60.00 %)	50 (25.00 %)	30 (15.00 %)
4.	Líderes locais	60 (30.00 %)	50 (25.00 %)	90 (45.00 %)
5.	Rádio	67 (33.50 %)	28 (14.00 %)	105 (52.50 %)
6.	Televisão	60 (30.00 %)	30 (15.00 %)	110 (55.00 %)
7.	Jornais de notícias	25 (12.50 %)	45 (22.50 %)	130 (65.00 %)
8.	Outros	50 (25.00 %)	70 (35.00 %)	80 (40.00 %)

A partir do Quadro 16, observa-se que a maioria (72,50%) dos beneficiários contactou sempre o seu vizinho, seguido de 65,00% que tinham um bom círculo de amigos e 60,00% que os familiares eram a sua principal fonte de informação. Em seguida, 65,00 por cento, 55,00 por cento e 52,50 por cento nunca consideraram os jornais, a televisão e a rádio como a sua fonte de informação. Além disso, 40,50 por cento e 35,00 por cento dos inquiridos consideraram ocasionalmente qualquer outra fonte de informação, respetivamente.

Da discussão anterior, conclui-se que a maior frequência de contactos com vizinhos, amigos e familiares por parte dos beneficiários permite uma predisposição favorável para adquirir mais informações.

As conclusões acima referidas estão em consonância com as conclusões de Pandya (2011) e Patel (2015).

5.1.11 Participação na extensão

O envolvimento ativo dos beneficiários em várias actividades de extensão desempenha um papel importante no desenvolvimento de conhecimentos e competências. Por conseguinte, a participação dos beneficiários nas actividades de extensão foi considerada como variável independente para o estudo. Com base na informação recolhida, os beneficiários foram estudados e os dados são apresentados no Quadro 17.

Table 17: Distribuição dos beneficiários do MNREGA de acordo com a sua extensão participação (n=200)

Não.	Participação na extensão	Beneficiários do MNREGA	
		Frequência	Por cento
1.	Baixo (até 02.05)	77	38.50
2.	Médio (entre 02.06 e 07.49)	83	41.50
3.	Alta (acima de 07,49)	40	20.00
Total		**200**	**100.00**

Média= 04,77S .D. = 02,72

Os dados apresentados no Quadro 17 revelam que um pouco mais de dois quintos (41,50%) dos beneficiários tinham um nível médio de participação na extensão, seguido de um nível baixo de participação na extensão (38,50%) e um nível alto de participação na extensão (20,00%).

A partir da discussão anterior, pode-se concluir que a maioria dos beneficiários eram analfabetos, sem terra e dependentes do trabalho laborioso para a sua subsistência, pelo que não têm tempo suficiente para participar no programa de extensão.

Resultados semelhantes foram obtidos por Patel (2008) e Pokar (2008).

5.1.12 Motivação económica

Era óbvio que os beneficiários economicamente motivados estavam mais orientados para a maximização do lucro da atividade profissional. Podem considerar o MNREGA como uma fonte de ocupação e, por isso, podem ter melhores contactos com centros geradores de informação, bem como com agências de extensão, para obterem conhecimentos específicos sobre o novo regime e o utilizarem corretamente. Assim, a motivação económica era uma caraterística importante dos beneficiários. Os resultados são apresentados no Quadro 18.

Table 18: Distribuição dos beneficiários do MNREGA de acordo com a sua situação económica motivação (n=200)

Não.	Motivação económica	Beneficiários do MNREGA	
		Frequência	Por cento
1.	Baixo (até 10,07)	66	33.00
2.	Médio (entre 10,08 e 20,05)	93	46.50
3.	Elevado (acima de 20,05)	41	20.50
Total		**200**	**100.00**

Média= 15,06D .S . = 04,99

Os dados apresentados no Quadro 18 revelaram que menos de metade (46,50%) dos beneficiários tinham um nível médio de motivação económica, seguido de 33,00 e 20,50% de beneficiários com um nível baixo e alto de motivação económica, respetivamente.

Conclui-se que a maioria dos beneficiários tinha uma motivação económica média a baixa. Os beneficiários selecionados para o estudo recebiam o salário diário do MNREGA e de outros trabalhos. A taxa de remuneração no MNREGA era comparativamente mais baixa do que noutros trabalhos qualificados. Numa situação destas, com menos recursos, a maioria dos beneficiários poderia ter-se consolado com o facto de que os seus esforços para ganhar mais dinheiro não seriam de grande ajuda e, por conseguinte, o seu nível de motivação económica teria sido de médio a baixo.

As conclusões acima referidas estão em consonância com as conclusões de Bhathi (2015).

5.1.13 Capacidade de inovação

Isto foi concebido como uma disposição de uma pessoa para aceitar as inovações o mais cedo possível. Os beneficiários são classificados da seguinte forma no que respeita à inovação. Os dados a este respeito são apresentados no Quadro 19.

Table 19: Distribuição dos beneficiários do MNREGA de acordo com a sua carácter inovador (n=200)

Não.	Inovação	Beneficiários do MNREGA	
		Frequência	Por cento
1.	Baixo (até 08.36)	46	23.00
2.	Médio (entre 08.37 e 12.96)	102	51.00
3.	Alta (acima de 12,96)	52	26.00
Total		**200**	**100.00**

Média= 10,66D .S . = 02,30

Uma leitura do quadro 19 revelou que um pouco mais de metade (51,00 por cento) dos beneficiários tinha um grau de inovação médio, seguido de 26,00 e 23,00 por cento dos beneficiários com um grau de inovação elevado e baixo, respetivamente.

A razão provável pode dever-se ao facto de a maioria dos beneficiários pertencer a um grupo de meia-idade e ter um bom contacto com o gram sevak e as agências governamentais. Por conseguinte, a maioria dos beneficiários encontrava-se num nível médio de capacidade de inovação.

Estas conclusões estão de acordo com as conclusões de Ramalakshmi *et al.* (2013). **5.2. Atitude em relação ao MNREGA**

Para medir a atitude dos beneficiários em relação ao MNREGA, foi aplicada uma escala desenvolvida pelo próprio investigador. Os dados relativos à atitude dos beneficiários em relação ao MNREGA são apresentados no Quadro 20.

Table 20: Distribuição dos beneficiários do MNREGA em função da atitude em relação ao MNREGA (n=200)

Não.	Atitude	Beneficiários do MNREGA	
		Frequência	**Por cento**
1.	Menos favorável (até 27,12)	39	19.50
2.	Moderadamente favorável (entre 27,13 a 50,56)	116	58.00
3.	Altamente favorável (acima de 50,56)	45	22.50
Total		**200**	**100.00**

Média= 38,84D .S . = 11,72

Os dados apresentados no Quadro 20 ilustram que um pouco menos de três quintos (58,00 por cento) dos beneficiários tinham uma atitude moderadamente favorável em relação ao MNREGA, seguidos de 22,50 por cento e 19,50 por cento que tinham uma atitude muito favorável e menos favorável em relação ao MNREGA, respetivamente.

Da discussão anterior, conclui-se que a grande maioria (80,50%) dos beneficiários tinha uma atitude moderadamente favorável a altamente favorável em relação ao MNREGA. O facto de os beneficiários se terem apercebido de que o MNREGA era o principal recurso para sustentar as suas vidas e as suas famílias pode tê-los tornado mais inclinados para o MNREGA para ganharem mais. Esta pode ser a razão para o nível mais elevado de atitude favorável dos beneficiários em relação ao MNREGA.

As conclusões acima referidas foram apoiadas pelas conclusões de Roy *et al.* (2013) e Dholariya (2014).

20.3. Conhecimento dos beneficiários relativamente ao MNREGA

O conhecimento é um comportamento cognitivo de um indivíduo. No estudo apresentado, foi operacionalizado como a compreensão total do programa da Lei MNREGA. As informações a este respeito foram recolhidas junto dos beneficiários e apresentadas na Tabela 21.

Table 21: Distribuição dos beneficiários do MNREGA de acordo com os seus conhecimentos relativamente ao MNREGA (n=200)

Não.	Nível de conhecimento dos beneficiários	Beneficiários do MNREGA	
		Frequência	**Por cento**
1.	Baixo (até 13,51)	39	19.50
2.	Médio (entre 13,52 e 20,47)	126	63.00
3.	Alta (acima de 20,47)	35	17.50
Total		**200**	**100.00**

Média = 16,99D .S . = 3,48

Os dados apresentados no Quadro 21 mostram que mais de dois quintos (63,00 por cento) dos beneficiários tinham um nível médio de conhecimentos sobre o MNREGA, seguidos de 19,50 e 17,50 por cento que tinham um nível baixo e alto de conhecimentos sobre o MNREGA, respetivamente.

A razão provável para o nível médio de conhecimento pode dever-se ao facto de os beneficiários terem sido capazes de obter informações aprofundadas no âmbito dos seus esforços para conhecer as pessoas sobre os programas de desenvolvimento rural. Além disso, pode também dever-se ao conhecimento médio e ao interesse em conhecer os pormenores desta lei. A outra razão pode ser o facto de os beneficiários terem recebido informações adequadas e pormenorizadas do Grama Panchyat e de outras instituições relacionadas.

Resultados semelhantes foram obtidos por Jat (2010) e Pandya (2011).

Quadro 22: Distribuição dos beneficiários do MNREGA de acordo com o artigo conhecimentos sobre o MNREGA (n=200)

Não.	Declarações	Frequência	Percentagem	Classificação
1	O principal objetivo do MNREGA é proporcionar aos beneficiários um mínimo de 100 dias de emprego remunerado	200	100.00	1.5
2	Os membros adultos de um agregado familiar rural que estejam dispostos a efetuar trabalhos manuais não qualificados são beneficiários elegíveis do MNREGA	199	99.50	04
3	O pedido de obtenção do cartão de emprego deve ser apresentado ao gram panchayat	198	99.00	06
4	O Gram panchayat identifica os beneficiários do MNREGA	199	99.50	04
5	O cartão de emprego é emitido gratuitamente pelo gram panchayat	200	100.00	1.5
6	O cartão de emprego deve ser emitido no prazo de 15 dias a contar da data de apresentação da candidatura	199	99.50	4
7	O emprego deve ser concedido no prazo de 15 dias após a apresentação do pedido de emprego	108	54.00	16
8	Os beneficiários receberão salários de 125 rúpias por dia ao abrigo do MNREGA	105	52.50	17
9	Os beneficiários receberão um subsídio de desemprego correspondente a 25% do salário até 30 dias e, durante o restante período do exercício, a 50% do salário	25	12.50	25
10	Os beneficiários têm direito a receber um subsídio de desemprego, no caso de o gram panchayat não conseguir arranjar emprego no prazo de 15 dias após o pedido de trabalho	40	20.00	23
11	As obras devem ser efectuadas num raio de 5 km da aldeia	196	98.00	09

12	O pagamento dos salários tem de ser efectuado no prazo de 15 dias após o início do trabalho e deve ser feito semanalmente	194	97.00	11
13	Os salários devem ser pagos através dos correios/banco	197	98.50	7.5
14	A conta bancária será aberta gratuitamente para os beneficiários	197	98.50	7.5
15	As pessoas com menos de 18 anos não estão autorizadas a trabalhar ao abrigo do MNREGA	195	97.50	10
16	33,30% dos beneficiários devem ser mulheres	84	42.00	20
17	Igualdade de salários entre homens e mulheres	97	48.50	18
18	O empreiteiro não está autorizado a efetuar trabalhos	148	74.00	13
19	As máquinas não são autorizadas a executar as obras do MNREGA	179	89.50	12
20	Se estiverem presentes mais de cinco crianças com menos de seis anos de idade, o local de trabalho deve também dispor de instalações de acolhimento de crianças	41	20.50	22
21	Deve estar disponível assistência médica no local de trabalho em caso de ferimentos graves, se	93	46.50	19
22	A auditoria social tem de ser efectuada pelo Gram shaba	139	69.50	14
23	A reunião do MNREGA Gram Sabha deve realizar-se, pelo menos, de seis em seis meses para analisar todos os aspectos da auditoria social	47	23.50	21
24	A nível do gram panchayat, foi criado um Comité Local de Vigilância e Acompanhamento (LVMC) para supervisionar as obras do MNREGA	29	14.50	24
25	O gram sabha selecionará os membros do LVMC e deve ser dada prioridade às SC/ST e às mulheres	134	67.00	15

Os resultados apresentados no quadro 22 mostram uma análise por item do nível de conhecimentos dos beneficiários sobre o MGNREGA. Cent per cent of the beneficiaries had knowledge about 'objective of MGNREGA providing 100 days of wage employment and job card are issued free of cost by the gram panchayat, adult members of rural household who is willing to do unskilled manual work is eligible beneficiaries of MNREGA (99.50 per cent), gram panchayat had the responsibility to identifies the beneficiaries of MNREGA (99.50 per cent), job card should be issued within 15 days of submitting application (99.50 por cento), o pedido de obtenção do cartão de emprego deve ser apresentado ao gram panchayat (99,00 por cento), os salários devem ser pagos através dos correios/bancos (98,50 por cento), a conta bancária será aberta gratuitamente para os beneficiários (98.50 por cento), o trabalho deve ser prestado num raio de 5 km da aldeia (98,00 por cento), as pessoas com menos de 18 anos não estão autorizadas a trabalhar ao abrigo do MNREGA (97,50 por cento), o pagamento dos salários deve ser efectuado no prazo de 15 dias após o trabalho e deve ser efectuado semanalmente (97,00 por cento). A maioria dos beneficiários tinha conhecimento de que as máquinas não estão autorizadas a executar as obras do MNREGA (89,50%), que os empreiteiros não estão autorizados a efetuar trabalhos (74,0%), que a auditoria social tem de ser efectuada pelo Gram shaba (69,50%), que o gram sabha selecionará os membros do LVMC e que deve ser dada prioridade às SC/ST e às mulheres (67,0%). Mais de metade dos beneficiários sabia que o emprego tinha de ser atribuído no prazo de 15 dias após a apresentação do pedido de trabalho (54,00%) e que os beneficiários receberiam um salário de 125 rupias por dia ao abrigo do MNREGA (52,50%). Menos de metade dos beneficiários sabia que os salários eram iguais para homens e mulheres (48,50%), que devia ser disponibilizada assistência médica no local de trabalho em caso de ferimentos graves (46,50%), que 33,30% dos beneficiários deviam ser mulheres (42,50%), que a reunião do MNREGA Gram Sabha devia ser realizada pelo menos de seis em seis meses para analisar todos os aspectos da auditoria social (23,50%), que se estiverem presentes mais de cinco crianças com menos de seis anos, também deviam ser disponibilizados serviços de cuidados infantis no local de trabalho (20,50%), que os beneficiários têm direito a receber um salário de 125 rupias por dia ao abrigo do MNREGA (52,50%) e que os beneficiários têm direito a receber um salário de 125 rupias por dia ao abrigo do MNREGA (52,50%).50%), os beneficiários têm direito a receber um subsídio de desemprego, caso o gram panchayat não dê emprego no prazo de 15 dias a contar da data do pedido de trabalho (20%), a nível do gram panchayat foi criado um Comité Local de Vigilância e Controlo (LVMC) para supervisionar as obras do MNREGA (14,50%) e os beneficiários receberão um subsídio de desemprego correspondente a 25% do salário até 30 dias e, durante o restante período do ano financeiro, a 50% do salário (12,50%).

Observa-se que os beneficiários tinham um conhecimento mais elevado sobre os factos mais gerais, comuns e popularizados a nível local, mas tinham um conhecimento relativamente médio sobre os factos específicos e pormenorizados do MNREGA, que exigem um conhecimento aprofundado da lei.

5.4 Impacto socioeconómico do MNREGA nos beneficiários

O impacto foi o principal componente deste estudo, ou seja, as mudanças resultantes que ocorreram entre os beneficiários devido à participação no MNREGA em termos de aspectos socioeconómicos dos beneficiários do MNREGA.

O impacto socioeconómico foi medido em termos de antes da implementação da MNREGA e as alterações resultantes em percentagem que ocorreram após a participação na MNREGA, *nomeadamente,* (i) alteração do rendimento, (ii) alteração do estatuto social, (iii) padrão de despesas, (iv) alteração da posse de materiais, (v) alteração do hábito de poupança e (vi) alteração do emprego dos beneficiários, foram avaliadas separadamente. As informações a este respeito foram recolhidas e classificadas em três níveis: (i) baixo, (ii) médio e (iii) elevado, de acordo com o intervalo igual de variação percentual.

O impacto socioeconómico global do MNREGA foi também avaliado através da consolidação das seis dimensões das mudanças, *a saber:* (i) mudança de rendimento, (ii) mudança de estatuto social, (iii) padrão de despesas, (iv) mudança de posse de material, (v) mudança de hábitos de poupança e (vi) mudança de emprego dos beneficiários. Com base no impacto socioeconómico global, os beneficiários do MNREGA foram agrupados em três categorias: impacto socioeconómico baixo, médio e elevado.

5.4.1 Variação dos rendimentos

Foi medido em termos da diferença entre o rendimento após a participação no MNREGA e o rendimento dos beneficiários que já tinham antes de participarem no MNREGA.

A frequência dos beneficiários foi calculada para cada item em termos de antes e depois da adesão ao MNREGA e a mudança na percentagem dos beneficiários foi calculada, sendo os dados apresentados no quadro 23.

Table 23: Distribuição dos beneficiários do MNREGA antes e depois da alteração da fonte de rendimento (n=200)

Não.	Fonte de rendimento	Antes do MNREGA	Depois do MNREGA	Variação em percentagem
1.	**Salário diário**			
	Agricultura	50 (25.00 %)	76 (38.00 %)	52.00
	Com exceção da agricultura	82 (41.00 %)	100 (50.00 %)	21.95
2.	**MNREGA**	00 (00.00%)	200 (100.00 %)	100.00

O quadro 23 indica que houve uma mudança positiva no rendimento anual após a participação no MNREGA. 52,00 por cento dos beneficiários comunicaram um aumento do rendimento na agricultura, seguido de 21,95 por cento em outras actividades que não a agricultura. Todos os participantes aumentaram o seu rendimento após a participação no MNREGA. Depois de aderirem ao MNREGA, os participantes obtiveram mais rendimentos, o que pode ter ajudado a melhorar a sua agricultura.

Os beneficiários do MNREGA, com base na variação percentual do rendimento através do MNREGA, foram classificados em três categorias: (i) baixo (ii) médio (iii) elevado e os dados são apresentados no Quadro 24.

Table 24: Distribuição dos beneficiários do MNREGA de acordo com a sua mudança no rendimento (n=200)

Não.	Categoria	Variação percentual do rendimento	Frequência	Por cento
1.	Baixo	Até 33	53	26.50
2.	Médio	34 a 66	122	61.00
3.	Elevado	Acima de 66	25	12.50
		Total	**200**	**100**

O resultado da alteração do rendimento dos beneficiários apresentado no Quadro 24 indicou que um pouco mais de três quintos (61,00 por cento) dos beneficiários registaram uma alteração média do seu rendimento devido à participação na MNREGA, na ordem dos 34 a 66 por cento, seguido de 26,50 por cento dos beneficiários que registaram uma alteração baixa do seu rendimento, ou seja, até 33 por cento. Por outro lado, 12,50% dos beneficiários declararam ter sofrido uma grande alteração (superior a 66%) nos seus rendimentos após a execução da MNREGA.

Da discussão acima, conclui-se que pouco mais de três quintos (61,00 por cento) dos beneficiários geraram mais 33 por cento de rendimento através da participação na MNREGA. Tal pode dever-se ao facto de a sua atitude positiva em relação ao MNREGA os ter motivado a aproveitar os benefícios do MNREGA, o que resultou em rendimentos mais elevados.

5.4.2 Mudança de estatuto social

Foi medida em termos de diferença entre o estatuto social após a participação no MNREGA e o estatuto social que os beneficiários já tinham antes de participarem no MNREGA, que foi convertido em percentagem de mudança no estatuto social.

A frequência dos beneficiários foi calculada para cada item em termos de antes e depois da adesão ao MNREGA e a mudança na percentagem dos beneficiários foi calculada, sendo os dados apresentados no Quadro 25.

Table 25: Distribuição dos beneficiários do MNREGA antes e depois da alteração da estatuto social (n=200)

Não.	Dados	Antes do MNREGA	Depois do MNREGA	Alteração em Por cento
1.	Aumentar o respeito entre as pessoas da aldeia	99 (49.50 %)	153 (76.50 %)	54.54
2.	Mais convites da população da aldeia para funções sociais	58 (29.00 %)	126 (63.00 %)	17.24
3.	Mais respeito entre o grupo social	63 (31.50 %)	129 (64.50)	104.76
4.	As pessoas dão mais importância à presença em caso de litígio	38 (19.00 %)	119 (59.50 %)	213.56
5.	Maior envolvimento na política a nível da aldeia	00 (00.00 %)	08 (04.00 %)	04.00
6.	As pessoas procuram soluções para os seus problemas sociais	39 (19.50 %)	90 (45.00 %)	130.76
7.	Membros do panchayat da aldeia	00 (00.00 %)	00 (00.00 %)	00.00
8.	Liderança no grupo de casta/religião	39 (19.50 %)	95 (47.50 %)	143.51
9.	Eleitos no panchayat da aldeia/ membros do comité	00 (00.00 %)	00 (00.00 %)	00.00

Os dados apresentados no Quadro 25 indicam que houve um aumento de 54,54% no número de beneficiários que indicaram que o seu status social aumentou após a adesão ao MNREGA. Houve um aumento de 17,24% e 104,76% no número de beneficiários que receberam mais convites das pessoas da aldeia para funções sociais e obtiveram mais respeito entre o grupo social, respetivamente. Duzentos por cento do número de beneficiários que obtiveram mais peso pela sua presença na resolução de conflitos depois de aderirem ao MNREGA. Houve também um maior envolvimento na política a nível da aldeia. Anteriormente, não havia envolvimento na política da aldeia, mas após a implementação do programa, 04,00 por cento dos inquiridos consideraram que houve um aumento do envolvimento na política a nível da aldeia. As pessoas procuram soluções junto dos inquiridos para os problemas sociais

(130,76%) e aumentam a liderança no grupo de casta/religião (143,51%). Verificou-se uma tendência para o aumento do estatuto social dos beneficiários. A percentagem de mudança dos beneficiários aumentou em todos os aspectos do estatuto social, exceto no que se refere à participação no panchayat da aldeia e à eleição de membros do panchayat/comité da aldeia.

Os beneficiários do MNREGA, com base na percentagem de mudança do estatuto social através do MNREGA, foram classificados em três categorias: baixa, média e alta. O quadro 26 apresenta a mesma informação.

Table 26: Distribuição dos beneficiários do MNREGA de acordo com a sua mudança no estatuto social (n=200)

Não.	Categoria	Percentagem de mudança de estatuto social	Frequência	Por cento
1.	Baixa	Até 33	64	32.00
2.	Médio	34 a 66	110	55.00
3.	Elevado	Acima de 66	26	13.00
	Total		**200**	**100**

Os resultados da alteração do estatuto social dos beneficiários apresentados no Quadro 26 indicam que mais de metade (55,00 por cento) dos beneficiários registou uma alteração média do seu estatuto social devido à participação no MNREGA, entre 34 e 66 por cento, seguida de 32,00 por cento dos beneficiários que registaram uma alteração baixa do seu estatuto social, *ou seja,* até 33 por cento. Enquanto 13,00 por cento dos beneficiários registaram uma elevada alteração do estatuto social (acima de 66 por cento).

Os benefícios económicos obtidos graças ao MNREGA podem ter melhorado os conhecimentos sobre aspectos financeiros, a educação, o aumento dos contactos pessoais, o conhecimento da sociedade e a sensibilização para os programas/esquemas de desenvolvimento, o que aumentou o seu estatuto social.

5.4.3 Alteração do padrão de despesas

Procurou-se estudar os vários aspectos do padrão de despesas em que os beneficiários do MNREGA incorreram em despesas adicionais. A alteração do padrão de despesas foi medida em relação a quatro aspectos: (i) hábito alimentar, (ii) padrão de vestuário, (iii) alteração das condições de vida e (iv) alteração do aspeto educativo.

A frequência dos beneficiários foi calculada para cada item em termos de antes e depois da adesão ao MNREGA e a mudança na percentagem dos beneficiários para o padrão de despesas foi calculada e os dados foram apresentados no Quadro 27.

Quadro 27: Distribuição dos beneficiários do MNREGA antes e depois da alteração da padrão de despesas (n=200)

A	**Mudança de hábitos alimentares**			
Não.	**Produtos alimentares**	**Antes do MNREGA**	**Depois do MNREGA**	**Variação em percentagem**
1.	Cereais	126 (63.00 %)	198 (99.00 %)	57.14
2.	Impulsos	98 (49.00 %)	181 (90.50 %)	84.89
3.	Legumes	113 (56.50 %)	185 (92.50 %)	63.71

4.	Óleo	103 (51.50 %)	190 (95.00 %)	84.47
5.	Leite e produtos lácteos	93 (46.50 %)	180 (90.00 %)	93.55
6.	Frutos	86 (43.00 %)	192 (96.00 %)	123.25
7.	Ovos e carne	90 (45.00 %)	145 (72.50 %)	61.11
8.	Pacotes de alimentos complementares	13 (06.50 %)	143 (71.50 %)	1000
B	**Mudança no padrão de vestuário**			
	Panos			
1.	Dhoti	189 (94.50 %)	146 (73.00 %)	-22.75
2.	Calças com camisa	74 (37.00 %)	188 (94.00 %)	154.04
3.	Saree	99 (49.50 %)	176 (88.00 %)	77.78
4.	Traje tradicional	181 (90.50 %)	75 (37.50 %)	-58.56
5.	Vestido moderno	29 (14.50 %)	128 (64.50 %)	341.38
6.	Outros	00 (00.00 %)	15 (07.50 %)	07.50
C	**Alteração das condições de vida**			
	Tipo de casa			
1.	Cabana	28 (14.00 %)	04 (02.00 %)	-85.71
2.	Kachha	96 (48.00 %)	66 (33.00 %)	-31.25
3.	Pakka	46 (23.00 %)	60 (30.00 %)	30.43
4.	Mistura (kachha-pakka)	30 (15.00 %)	50 (25.00 %)	66.67
5.	Ampliação da casa	00 (00.00 %)	10 (05.00 %)	05.00
6.	Renovação da casa	00 (00.00 %)	10 (05.00 %)	05.00
D	**Mudança no aspeto educacional**	**ts**		
	Aspeto educativo			
1.	Pagou a propina escolar regular	113 (56.50 %)	150 (75.00 %)	32.74
2.	Deu formação adicional	28 (14.00 %)	41 (20.50 %)	46.42
3.	Obteve admissão numa escola melhor com base no pagamento	66 (33.00 %)	129 (64.50 %)	95.45
4.	Livro de texto	120 (60.00 %)	182 (91.00 %)	51.67
5.	Uniforme	94 (47.00 %)	183 (91.50 %)	94.68
6.	Veículo	26 (13.00 %)	76 (38.00 %)	192.30
7.	Materiais de leitura	79 (39.50 %)	128 (64.00 %)	62.02
8.	Enviado para estudos superiores	00 (00.00 %)	70 (35.00 %)	35.00

Os dados apresentados no Quadro 27 indicam que se registou um aumento do número de beneficiários após a participação no MNREGA. O aumento da percentagem de beneficiários em termos de utilização de produtos alimentares foi observado: 57,14% em cereais, 84,89% em leguminosas, 63,71% em legumes, 84,47% em óleo, 93,55% em leite e produtos lácteos, 123,55% em fruta, 61,11% em ovos e carne e 1000% em pacotes de alimentos suplementares. No que diz respeito à mudança de padrão de vestuário, registou-se um aumento do número de beneficiários que preferiam usar calças com camisa 154,04%, saree 77,78%, vestuário moderno 341,38% e outros tecidos 07,50%. Por outro lado, o padrão de vestuário, como o uso de dhoti e de vestido tradicional, diminuiu 22,75% e 58,56%, respetivamente.

Registou-se um aumento do número de beneficiários que declararam ter alterado as suas condições de vida, como a casa pakka (30,43%) e a mistura (kachha-pakka) (66,67%). Houve 05,00 por cento de beneficiários que tinham ampliado a sua casa e renovado as suas casas após a implementação do MNREGA. Por outro lado, o número de inquiridos que possuíam uma cabana e uma casa kachha diminuiu 85,71% e 31,25%, respetivamente.

Verificou-se um aumento do número de beneficiários em todos os indicadores de mudança nos aspectos educativos, como o pagamento de propinas escolares regulares (32,74%), a prestação de formação suplementar (46,42%) e a admissão numa escola melhor mediante pagamento (95,45%), respetivamente. O número de beneficiários que adquiriram livros escolares foi de 51,67%, uniformes 94,68%, veículos 192,30%, materiais de leitura 62,02% e foram enviados para estudos superiores 35,00%.

Assim, deduz-se que, devido à participação no MNREGA, os beneficiários podem constatar alterações conspícuas no seu padrão de despesas, o que constitui um impacto socioeconómico. Depois de estudar o padrão de despesas por aspeto, foi calculada a variação percentual do padrão de despesas dos beneficiários e os dados são apresentados no quadro 28.

Table 28: Distribuição dos beneficiários do MNREGA de acordo com a alteração das suas padrão de despesas (n=200)

Não.	Categoria	Variação percentual do padrão de despesas	Frequência	Por cento
1.	Baixa	Até 33	26	13.00
2.	Médio	34 a 66	146	73.00
3.	Elevado	Acima de 66	28	14.00
	Total		**200**	**100**

O quadro 28 indica que a maioria (73,00 por cento) dos beneficiários indicou ter sofrido uma alteração média, *ou seja,* uma alteração de 34 a 36 por cento, no seu padrão de despesas devido à participação no MNREGA, o que resultou em despesas adicionais em produtos alimentares, vestuário, condições de vida e aspectos educativos, ao passo que 14,00 por cento dos beneficiários registaram uma alteração elevada no seu padrão de despesas, acima dos 66,00 por cento. Poucos beneficiários (13,00 por cento) registaram uma baixa alteração nas suas despesas nos vários itens, até 33,00 por cento.

Devido ao rendimento adicional resultante da participação no MNREGA, a maioria dos beneficiários gastou mais dinheiro para melhorar as condições de vida, comprar roupa e comida. Por outro lado, vários gastaram dinheiro para melhorar a educação dos seus filhos.

5.4.4 Alteração da posse de material

A posse de materiais refere-se ao número de utensílios/equipamentos domésticos que os beneficiários possuem. A frequência dos beneficiários foi calculada para cada item em termos de antes e depois da adesão ao MNREGA e a mudança na percentagem dos beneficiários foi calculada, sendo os dados apresentados no Quadro 29.

Table 29: Distribuição dos beneficiários do MNREGA antes e depois da alteração da posse de material (n=200)

Não.	Materiais possuídos	Antes do MNREGA	Depois do MNREGA	Variação em percentagem

1.	Mesa (de madeira)	92 (46.00 %)	165 (82.50 %)	79.35
2.	Berço (aço/madeira)	99 (49.50 %)	163 (81.50 %)	64.65
3.	Fogão (querosene)	98 (49.00 %)	182 (91.00 %)	85.71
4.	Lâmpada	105 (52.50 %)	169 (84.50 %)	60.95
5.	Relógio de pulso	99 (49.00 %)	166 (83.00 %)	97.68
6.	Bicicleta	92 (46.00 %)	179 (89.50 %)	94.57
7.	Tocha	106 (53.00 %)	169 (84.50 %)	59.43
8.	Cadeira	86 (43.00 %)	174 (87.00%)	102.32
9.	Armário	85 (42.50 %)	149 (74.50 %)	75.29
10.	Rádio	81 (40.50 %)	148 (74.00 %)	82.71
11.	Gravador de cassetes	66 (33.00 %)	111 (55.50 %)	68.18
12.	T. V.	02 (01.00 %)	61 (30.50 %)	2950
13.	Telemóvel	01 (05.00 %)	40 (20.00 %)	3900
14.	Prensa de ferro (a carvão e eletrónica)	00 (00.00 %)	22 (11.00 %)	11.00
15.	Qualquer outro	00 (00.00 %)	87 (43.50 %)	43.50

O quadro 29 mostra que houve um aumento do número de beneficiários que possuíam diferentes materiais depois de beneficiarem do MNREGA, como mesa (madeira) 79,35%, cama (aço/madeira) 64,65%, fogão (querosene) 88.71%, lâmpada 60,95%, relógio de pulso 67,68%, bicicleta 94,57%, lanterna 59,43%, cadeira 102,32%, armário 75,29%, rádio 82,71%, gravador 68,18%, televisão 2950%, telemóvel 3900%. Mais de dois quintos (43,50%) dos inquiridos compraram diferentes tipos de materiais domésticos, como ventoinha de mesa, bidão de água e lâmpada eletrónica.

Os dados recolhidos sobre a mudança na posse material dos beneficiários do MNREGA foram categorizados em três categorias: baixa, média e alta. Os dados são apresentados no Quadro 30.

Table 30: Distribuição dos beneficiários do MNREGA de acordo com a sua mudança de posse de material (n=200)

Não.	Categoria	Variação percentual da posse de material	Frequência	Por cento
1.	Baixa	Até 33	54	27.00
2.	Médio	34 a 66	90	45.00
3.	Elevado	Acima de 66	56	28.00
	Total		**200**	**100**

O quadro 30 mostra que mais de dois quintos (45,00 por cento) dos beneficiários pertenciam à categoria de mudança média (34 a 66 por cento), seguidos de 28,00 por cento dos beneficiários que pertenciam à categoria de posse material alta (acima de 66 por cento) e 27,00 por cento que pertenciam à categoria de posse material baixa (até 33 por cento).

Assim, pode inferir-se que o impacto económico do MNREGA foi substancial para os seus beneficiários no que diz respeito aos bens materiais, o que lhes permitiu ganhar mais e comprar os artigos necessários para a casa e outros artigos, equipamentos/implementos.

5.4.5 Alteração do hábito de poupança

Em geral, os beneficiários poupam o seu rendimento adicional gerado pela participação no programa de emprego assalariado MNREGA, através de depósitos bancários fixos, depósitos bancários recorrentes, poupanças nos correios e apólices de seguro.

A frequência dos beneficiários foi calculada para cada item em termos de antes e depois da adesão ao MNREGA e a mudança na percentagem dos beneficiários foi calculada, sendo os dados apresentados no Quadro 31.

Quadro 31: Distribuição dos beneficiários do MNREGA antes e depois da alteração da hábito de poupança (n=200)

Não.	Alteração do hábito de poupança			
A.	**Guardar padrão**	**Antes do MNREGA**	**Depois do MNREGA**	**Variação em percentagem**
1.	Abrir uma conta poupança no banco	80 (40.00 %)	160 (80.00 %)	100.00
2.	Salvar a casa	86 (43.00 %)	128 (64.00 %)	48.84
3.	Depósito fixo no banco	59 (29.50 %)	121 (60.50 %)	105.08
4.	Depósito recorrente no banco	49 (24.50 %)	126 (63.00 %)	157.14
5.	Apólice de seguro	21 (10.50 %)	76 (38.00 %)	261.05
B.	**Poupança em rupias**			
1.	500	00 (00.00 %)	48 (24.00 %)	24.00
2.	400	00 (00.00 %)	58 (29.00 %)	29.00
3.	300	03 (01.50 %)	73 (36.50 %)	2333.33
4.	200	19 (09.50 %)	100 (50.00 %)	426.31
5.	100	64 (32.00 %)	106 (53.00 %)	65.62
6.	50	72 (36.00 %)	122 (61.00 %)	69.44
7.	20	126 (63.00 %)	108 (54.00 %)	-14.08
8.	10	154 (77.00 %)	131 (65.50 %)	-14.93

O quadro 31 indica que houve um aumento do número de beneficiários que comunicaram mudanças nos seus hábitos de poupança, como a abertura de uma conta de poupança no banco (100,00 por cento), poupança em casa (48,84 por cento), depósito fixo no banco (105,08 por cento), depósito recorrente no banco (157,14 por cento) e apólice de seguro (261,05 por cento).

O Quadro 31 indica que houve um aumento do número de beneficiários que indicaram que os seus hábitos de poupança mudaram depois de usufruírem dos benefícios do MNREGA. A percentagem de beneficiários que aumentou foi de (2333,33%), que poupou 300 rupias em relação ao inquirido que poupava antes da MNREGA, assim como 200 rupias em (426,31%), 100 rupias em (65,62%) e 50 rupias em (69,44%), mais do que antes da MNREGA. Por outro lado, a mudança de hábito de poupança mensal diminuiu em 14,08% e 14,93%, respetivamente, no caso das poupanças de 20 e 10 rupias.

Anteriormente, ninguém poupava mais de 300 Rs. Mas após a implementação do MNREGA, 24,00 e 29,00 por cento dos inquiridos pouparam 500 Rs. e 400 Rs., respetivamente.

A informação a este respeito foi ainda categorizada em três grupos com base na percentagem de alteração do hábito de poupança: (i) baixa, (ii) média, (iii) alta e os dados são apresentados no Quadro 32.

Quadro 32: Distribuição dos beneficiários do MNREGA de acordo com a sua mudança em

hábito de poupança (n=200)

Não.	Categoria	Alteração percentual do hábito de poupança	Frequência	Por cento
1.	Baixo	Até 33	63	31.50
2.	Médio	34 a 66	104	52.00
3.	Elevado	Acima de 66	33	16.50
	Total		**200**	**100**

A leitura dos dados do quadro 32 indica que todos os beneficiários mudaram os seus hábitos de poupança devido à participação na MNREGA. Observou-se ainda que mais de metade (52,00 por cento) dos beneficiários registaram uma mudança média nos seus hábitos de poupança, *ou seja,* uma mudança de 34 a 66 por cento, seguida de 31,50 por cento que registaram uma mudança baixa nos seus hábitos de poupança, *ou seja,* uma mudança de até 33 por cento. Apenas 16,50% dos beneficiários registaram uma mudança elevada, *ou seja,* uma mudança superior a 66% nos seus hábitos de poupança. **5.5.6 Mudança no emprego**

Refere-se à diferença entre o emprego em dias após a participação no MNREGA e o emprego em dias antes da participação no MNREGA. O MNREGA oferece aos beneficiários oportunidades de emprego adicional durante um mínimo de 100 dias, o que contribui para a obtenção de rendimentos adicionais.

A frequência dos beneficiários foi calculada para cada item em termos de antes e depois da adesão ao MNREGA e a mudança na percentagem dos beneficiários foi calculada, sendo os dados apresentados no quadro 33.

Quadro 33: Distribuição dos beneficiários do MNREGA antes e depois da alteração da emprego (n=200)

Não.	Declaração	Antes do MNREGA	Depois do MNREGA	Variação em percentagem
1.	Tem emprego durante um ano inteiro?	130 (65.00 %)	160 (80.00 %)	24.03
2.	Tem emprego num domínio específico da agricultura?	50 (25.00 %)	80 (40.00 %)	60.00
3.	Obtém emprego ao abrigo dos diferentes regimes do Governo?	21 (10.50 %)	120 (60.00 %)	471.42

Os dados apresentados no Quadro 33 indicam que houve um aumento do número de beneficiários que mudaram de emprego, tendo 24,03 e 60,00 por cento mais beneficiários obtido emprego durante um ano inteiro e emprego num determinado sector da agricultura. Também houve um aumento de 471,42% no número de inquiridos que obtiveram emprego ao abrigo de diferentes regimes do Governo.

Os dados recolhidos sobre as mudanças no emprego dos beneficiários do MNREGA foram categorizados em três categorias: (i) baixa (até 33%), (ii) média (34% a 66%) e (iii) alta (acima de 66%), como mostra o Quadro 34. **Quadro 34: Distribuição dos beneficiários do MNREGA de acordo com a sua mudança em**

emprego (n=200)

Não.	Categoria	Variação percentual do emprego	Frequência	Por cento
1.	Baixo	Até 33	39	19.50
2.	Médio	34 a 66	117	58.50
3.	Elevado	Acima de 66	44	22.00
	Total		**200**	**100**

Os dados apresentados no quadro 34 indicavam que pouco menos de três quintos (58,50%) dos beneficiários podiam registar alterações médias (34 a 66%) no seu emprego devido à participação no MNREGA, seguidos de 22,00% dos beneficiários que registaram alterações elevadas (acima de 66%) no seu emprego. Por sua vez, 19,50% dos beneficiários registaram uma baixa mudança (até 33%) no seu emprego.

Concluiu-se, assim, que o MNREGA teve um impacto nos seus beneficiários na criação de oportunidades de emprego, contribuindo assim para a obtenção de rendimentos familiares adicionais para o bem-estar das suas famílias.

5.4.7 Impacto socioeconómico global do MNREGA nos beneficiários

O impacto socioeconómico da MNREGA nos beneficiários foi avaliado através da consolidação do impacto das seis dimensões decididas para o estudo, a saber: (i) alteração do rendimento, (ii) alteração do estatuto social, (iii) padrão de despesas, (iv) alteração dos bens materiais, (v) alteração do hábito de poupança e (vi) alteração do emprego. Os dados relativos ao impacto socioeconómico global do MNREGA nos beneficiários foram apresentados no quadro 35 em três níveis: baixo, médio e elevado, de acordo com o mesmo intervalo de variação percentual.

Quadro 35: Distribuição dos beneficiários do MNREGA de acordo com as caraterísticas sócio-económicas gerais

impacto económico do MNREGA nos beneficiários (n=200)

Não.	Categoria	Alteração percentual do impacto socioeconómico global	Frequência	Por cento
1.	Impacto reduzido	Até 33	42	21.00
2.	Impacto médio	34 a 66	122	61.00
3.	Impacto elevado	Acima de 66	36	18.00
	Total		**200**	**100**

Um olhar crítico sobre os dados do Quadro 35 permitiu observar que mais de três quintos (61,00 por cento) dos beneficiários tinham um nível médio de impacto socioeconómico do MNREGA, seguidos de 21,00 por cento dos beneficiários que pertenciam à categoria de baixo nível de impacto socioeconómico e 18,00 por cento dos beneficiários que pertenciam à categoria de alto nível de impacto socioeconómico do MNREGA.

Assim, pode inferir-se que o MNREGA pode ter um impacto socioeconómico médio nos beneficiários do MNREGA em termos de alteração do rendimento, alteração do estatuto social, alteração do padrão de despesas, alteração dos bens materiais, alteração do hábito de poupança e alteração do emprego.

5.5 Associação entre caraterísticas selecionadas dos beneficiários do MNREGA e o seu impacto socioeconómico no MNREGA

Para verificar a associação entre as caraterísticas selecionadas dos beneficiários e o seu impacto socioeconómico no MNREGA, foi calculado o coeficiente de correlação. No total, foram estudadas quinze caraterísticas pessoais, sociais, económicas e psicológicas dos beneficiários. Os valores do coeficiente de correlação simples são apresentados no Quadro 36. Os valores do coeficiente de correlação simples são apresentados no quadro 36, sendo a discussão sucinta apresentada nos subtítulos seguintes:

Tabela 36: Associação entre caraterísticas selecionadas dos beneficiários e o seu impacto socioeconómico do MNREGA (n=200)

Não.	Caraterísticas	Coeficiente de correlação (valor "r")
1	Idade (x_1)	0,115NS
2	Educação $(X)_2$	0.494**
3	Casta $(X)_3$	-0.413**
4	Tipo de família $(X)_4$	0.408**
5	Dimensão da família $(X)_5$	0.392**
6	Exploração fundiária $(X)_6$	-0.548**
7	Rendimento anual $(X)_7$	0.624**
8	Profissão $(X)_8$	0.428**
9	Participação social $(X)_9$	0.457**
10	fonte de informação $(X)_{10}$	0.634**
11	Participação na extensão (x_{11})	0.701**
12	Motivação económica $(X)_{12}$	0.566**
13	Capacidade de inovação $(X)_{13}$	0.642**
14	Atitude em relação ao MNREGA $(X)_{14}$	0.581**
15	Conhecimentos sobre o MNREGA $(X)_{15}$	0.677**

* Significativo ao nível de 5 por cento, ** Significativo ao nível de 1 por cento, NS = Não significativo

5.5.1 Idade e impacto socioeconómico

Observou-se no quadro 36 que a idade dos beneficiários tinha mostrado uma correlação positiva e não significativa ($r = 0{,}115^{NS}$) com o seu impacto socioeconómico global do MNREGA. Por conseguinte, foi aceite a hipótese nula (H_{o1}) estabelecida para este estudo de que não havia associação entre a idade dos beneficiários e o seu impacto socioeconómico global do MNREGA.

Isto indica que não há influência da idade no impacto socioeconómico dos beneficiários do MNREGA. Independentemente da sua idade, os beneficiários de todos os grupos etários (ou seja, jovens, médios e idosos) eram semelhantes no seu impacto socioeconómico global.

Estas conclusões estão em contradição com as conclusões de Suthar (2010) e Rai (2011).

5.5.2 Educação e impacto socioeconómico

Observou-se no quadro 36 que a educação dos beneficiários tinha mostrado uma correlação positiva e altamente significativa (r = 0,494**) com o seu impacto socioeconómico global do MNREGA. Assim, conclui-se que, com o aumento do nível de instrução dos beneficiários, o seu impacto socioeconómico global também aumentou simultaneamente.

Assim, foi rejeitada a hipótese nula (H_{o2}) estabelecida para este estudo de que não havia associação entre a educação dos beneficiários e o seu impacto socioeconómico global do MNREGA. A razão provável pode ser o facto de a educação abrir a faculdade do pensamento e do conhecimento a um indivíduo, o que, por sua vez, o ajuda a tomar decisões racionais.

Assim, a educação pode evitar a exploração e dá espaço e orientação ao processo de pensamento do indivíduo. Por conseguinte, conclui-se que a educação teve uma associação positiva e altamente significativa entre a educação e o impacto socioeconómico global do MNREGA.

As conclusões acima referidas estão em consonância com as conclusões de Suthar (2010), Pandya (2011), Rai (2011) e Raut (2013).

5.5.3 Elenco e impacto socioeconómico

Os dados apresentados no Quadro 36 indicavam claramente que a casta dos beneficiários tinha uma correlação negativa e altamente significativa (r = - 0,413**) com o impacto socioeconómico global do MNREGA. Por conseguinte, foi rejeitada a hipótese nula (H_{o3}) de que não havia associação entre a casta e o impacto socioeconómico global do MNREGA nos beneficiários. A razão provável poderá ser o facto de as pessoas das castas SC e ST preferirem trabalhar no MNREGA por não terem outro emprego e possuírem pequenas propriedades, pelo que o impacto é maior para o grupo das castas mais baixas. Mas as pessoas de casta superior não gostam do trabalho no MNREGA, pelo que a correlação é negativa.

Estas conclusões não estavam em conformidade com as conclusões de Patel (2011).

5.5.4 Tipo de família

Os dados apresentados no quadro 36 indicam claramente que o tipo de família dos beneficiários tem uma correlação positiva e significativa (r = 0,408**) com o impacto socioeconómico global do MNREGA. Por conseguinte, foi rejeitada a hipótese nula (H_{o4}) de que "não havia associação entre o tipo de família e o impacto socioeconómico global do MNREGA". O resultado provou que o tipo de família desempenha um papel importante no impacto socioeconómico global do MNREGA.

Estas conclusões são mais ou menos semelhantes às conclusões de Gosh (2010).

5.5.5 Dimensão da família e impacto socioeconómico

A família era a unidade mais importante, primária e multifuncional da sociedade. Desempenha um papel decisivo na vida material e cultural da população rural, bem como da comunidade rural.

Os resultados apresentados no Quadro 36 mostram claramente que a dimensão da família tinha uma correlação positiva e altamente significativa (r = 0,392**) com o impacto socioeconómico global do MNREGA. Por conseguinte, foi rejeitada a hipótese nula (H_{o5}) de que "não havia associação entre a dimensão da família e o impacto socioeconómico global do MNREGA".

Isto significa que a dimensão da família dos beneficiários teve influência na situação socioeconómica global. A família é um grupo de indivíduos que vivem juntos e desempenham muitas funções importantes da sua vida quotidiana. Aqui, cada indivíduo da família desempenha um papel diferente enquanto vive em conjunto. Assim, numa unidade familiar integrada, os principais beneficiários eram responsáveis pela tomada de decisões em todas as actividades. Resume-se que o impacto socioeconómico global do MNREGA aumentou significativamente com o aumento da dimensão da família, o que significa que a dimensão da família desempenha um papel importante no impacto socioeconómico global do MNREGA.

Estas conclusões estão em consonância com as conclusões de Suthar (2010).

5.5.6 Propriedade fundiária e impacto socioeconómico

Observou-se no quadro 36 que a posse de terras dos beneficiários tinha mostrado uma correlação negativa e altamente significativa (r = - 0,548**) com o impacto socioeconómico global do MNREGA. Assim, conclui-se que, com o aumento do nível de posse de terras dos beneficiários, o seu impacto socioeconómico global do MNREGA também aumentou simultaneamente.

Assim, foi rejeitada a hipótese nula (H_{o6}) estabelecida para este estudo de que não havia associação entre a posse de terras dos beneficiários e o seu impacto socioeconómico global do MNREGA. Como já foi referido, a maioria dos beneficiários não tinha terra e, para eles, o MNREGA era a única ou a principal fonte de subsistência. Conclui-se que a propriedade fundiária teve uma influência positiva e altamente significativa no impacto socioeconómico global do MNREGA nos beneficiários.

Estas conclusões não estavam em conformidade com as conclusões comunicadas por Suthar (2010), Pandya (2011) e Raut (2013).

5.5.7 Rendimento anual e impacto socioeconómico

Os resultados do Quadro 36 indicam que o rendimento anual dos beneficiários apresentou uma correlação positiva e altamente significativa (r = 0,624**) com o impacto socioeconómico global do MNREGA. Assim, pode concluir-se que, com o aumento do nível de rendimento dos beneficiários, o seu impacto socioeconómico global também aumentou simultaneamente.

Assim, a hipótese nula (H_{o7}) estabelecida para este estudo de que não havia associação entre o rendimento anual dos beneficiários e o seu impacto socioeconómico global do MNREGA foi rejeitada. A razão provável pode ser que, quanto maior o rendimento dos beneficiários, maior é o impacto da MNREGA. Se os beneficiários tiverem mais rendimentos, gastam mais dinheiro, possuem mais material e, obviamente, podem ter um estatuto social mais elevado. Todos estes são indicadores do impacto socioeconómico. Por conseguinte, existe uma influência positiva e significativa no impacto socioeconómico global do MNREGA nos beneficiários.

Estas conclusões são semelhantes às conclusões de Suthar (2010), Pandya (2011), Patel (2011) e Raut (2013).

5.5.8 Ocupação e impacto socioeconómico

Observou-se na Tabela 36 que a ocupação dos beneficiários tinha mostrado uma correlação positiva e altamente significativa (r = 0,428**) com o impacto socioeconómico global do MNREGA. De acordo com o sistema de pontuação aplicado, era indicativo do facto de que, com a adição de outra ocupação juntamente com a MNREGA, o impacto socioeconómico global da MNREGA nos beneficiários aumentava.

Por conseguinte, rejeita-se a hipótese nula (H_{o8}) de que "não existe associação entre a ocupação dos beneficiários e o impacto socioeconómico global do MNREGA".

A razão provável pode dever-se ao facto de que, com o aumento do envolvimento dos beneficiários noutras ocupações juntamente com o MNREGA, o seu estatuto económico teria melhorado e a associação significativa entre a ocupação e o impacto socioeconómico global do MNREGA.

Estas conclusões são semelhantes às conclusões de Suthar (2010), Pandya (2011), Patel (2011) e Raut (2013).

5.5.9 Participação social e impacto socioeconómico

Como revelam os dados apresentados no Quadro 36, a participação social dos beneficiários mostrou uma correlação positiva e altamente significativa (r = 0,457**) entre a participação social e o seu impacto socioeconómico global no MNREGA.

50, A hipótese nula (H_{o9}) de que "não existia associação entre a participação social dos beneficiários e o impacto socioeconómico global do MNREGA" foi rejeitada e conclui-se que a participação social tinha um papel vital a desempenhar na formação do impacto socioeconómico global do MNREGA nos beneficiários.

Estas conclusões estão em consonância com as conclusões comunicadas por Pandya (2011).

5.5.10 Fonte de informação e impacto socioeconómico

Como revelam os dados apresentados no Quadro 36, a fonte de informação dos beneficiários mostrou uma correlação positiva e altamente significativa (r = 0,634**) entre a fonte de informação e o seu impacto socioeconómico global no MNREGA.

Por conseguinte, foi rejeitada a hipótese nula (H_{o10}) de que "não existia associação entre a fonte de informação dos beneficiários e o seu impacto socioeconómico global do MNREGA".

Assim, a razão provável pode dever-se ao facto de o contacto cada vez mais frequente dos beneficiários lhes permitir ter uma predisposição favorável para adquirir cada vez mais informações.

Estas conclusões estão em consonância com as conclusões comunicadas por Pandya (2011) e Patel (2011).

5.5.11 Participação na extensão com impacto socioeconómico

Foi observado na Tabela 36 que a participação dos beneficiários na extensão tinha mostrado uma correlação positiva e altamente significativa (r = 0,701**) com o seu impacto socioeconómico global do MNREGA. Assim, pode concluir-se que, com o aumento do nível de participação dos beneficiários na extensão, o seu impacto socioeconómico global no MNREGA também aumentou simultaneamente.

Assim, a hipótese nula (H_{o11}) estabelecida para este estudo de que não havia associação entre a participação dos beneficiários na extensão e o seu impacto socioeconómico global no MNREGA sobre os beneficiários foi rejeitada.

A participação na extensão é muito necessária, o que lhes poderia ter permitido um contacto mais amplo com os extensionistas. A dimensão do impacto socioeconómico entre os beneficiários foi largamente determinada pela medida em que os beneficiários se mantiveram bem equipados através do contacto com os extensionistas. A razão provável poderá ser a correlação positiva e altamente significativa da participação na extensão com o impacto socioeconómico do MNREGA nos beneficiários.

Estas conclusões estão em consonância com as conclusões comunicadas por Pandya (2011).

5.5.12 Motivação económica e impacto socioeconómico

Os resultados do Quadro 36 indicam claramente que a motivação económica dos beneficiários tinha uma correlação positiva e altamente significativa (r = 0,566**) com o seu impacto socioeconómico global no MNREGA. Por conseguinte, foi rejeitada a hipótese nula (H_{o12}) de que "não havia associação entre a motivação económica dos beneficiários e o seu impacto socioeconómico global no MNREGA".

A razão provável pode ser que, na área de estudo, o MNREGA era a principal/uma das principais fontes de subsistência e, por isso, os beneficiários que tinham uma motivação económica média estavam mais inclinados a maximizar o rendimento do salário diário; isto ter-lhes-ia permitido interessarem-se cada vez mais pelo MNREGA e, assim, teriam desenvolvido uma atitude mais favorável em relação ao MNREGA. Assim, pode concluir-se que a motivação económica teve uma influência significativa nos beneficiários.

Estas conclusões estão em consonância com as conclusões de Suthar (2010) e Pandya (2011).

5.5.13 Inovação e impacto socioeconómico

Os dados observados no quadro 36 revelaram que a capacidade de inovação dos beneficiários tinha mostrado uma correlação positiva e altamente significativa (r = 0,642**) com o seu impacto socioeconómico global no MNREGA. Por conseguinte, foi rejeitada a hipótese nula (H_{o13}) de que "não existia associação entre a capacidade de inovação dos beneficiários e o seu impacto socioeconómico global no MNREGA".

Assim, revela-se que a capacidade de inovação está relacionada com a mudança socioeconómica global dos beneficiários. Indicou que a mudança socioeconómica global aumenta significativamente com um aumento da capacidade de inovação.

A razão provável pode ser o facto de, ao participarem no MNREGA, os beneficiários terem a oportunidade de aprender e trocar ideias com outras pessoas, o que lhes permite encontrar formas inovadoras de aumentar o seu rendimento através do emprego no MNREGA.

Estas conclusões foram apoiadas pelas conclusões de Suthar (2010) e Raut (2013).

5.5.14 Atitude e impacto socioeconómico

Os dados observados no quadro 36 indicam claramente que a atitude dos beneficiários apresentou uma correlação positiva e altamente significativa (r = 0,581**) com o seu impacto socioeconómico global no MNREGA. Por conseguinte, foi rejeitada a hipótese nula (H_{o14}) de que "não havia associação entre a atitude dos beneficiários e o seu impacto socioeconómico global no MNREGA".

Os resultados provaram que a atitude desempenha um papel na mudança socioeconómica global dos beneficiários. Isto pode dever-se ao facto de uma atitude favorável em relação ao MNREGA poder motivar os beneficiários a envolverem-se ativamente em várias actividades económicas do MNREGA, o que pode melhorar a sua condição socioeconómica global.

Estas conclusões foram semelhantes às conclusões comunicadas por Suthar (2010), Pandya (2011) e Raut (2013).

5.5.15 Conhecimento e impacto socioeconómico

Os resultados dos dados no Quadro 36 indicam claramente que os conhecimentos dos beneficiários mostraram uma correlação positiva e altamente significativa (r = 0,677**) com o seu impacto socioeconómico global no MNREGA. Por conseguinte, foi rejeitada a hipótese nula (H_{o15}) de que "não havia associação entre os conhecimentos dos beneficiários e o seu impacto socioeconómico global no MNREGA".

Estas conclusões são semelhantes às conclusões comunicadas por Suthar (2010).

5.5.1.1 ANÁLISE DE REGRESSÃO MÚLTIPLA

A análise de correlação de Karl Pearson apenas retrata a coexistência de associação entre duas variáveis quaisquer. Este procedimento mostra, de facto, a relação de causa e efeito entre variáveis. Uma variável estava associada ou dependia simultaneamente de várias outras. O impacto socioeconómico do MNREGA foi postulado como uma função linear de variáveis sociopessoais, económicas, psicológicas e comunicacionais. Não se tratava de nenhum destes factores considerados isoladamente, mas como parte de um sistema complexo e causal. Este facto foi determinado pela abordagem da análise de regressão múltipla. Esta análise mostrou o efeito combinado do conjunto de variáveis independentes na explicação da variação total da variável dependente.

Na análise de regressão múltipla, todas as 15 variáveis independentes e uma variável dependente foram ajustadas para explicar a variação do impacto socioeconómico do MNREGA nos beneficiários.

Os resultados da análise de regressão múltipla são apresentados no Quadro 37. Todas as variáveis explicaram 68,00 por cento da variação total do impacto socioeconómico do MNREGA nos beneficiários. A variação não explicada de (32,00 por cento) pode dever-se a factores alheios ao âmbito do estudo.

Tabela 37: Análise de regressão múltipla das variáveis independentes selecionadas com impacto socioeconómico do MNREGA nos beneficiários (n=200)

Não.	Variáveis independentes	Regressão Coeficiente (b)	S.E. de b	valor t
1	Idade (x_1)	0.046	0.036	1.294
2	Educação $(X)_2$	0.761	0.306	2.486*
3	Casta $(X)_3$	-1.528	0.459	-3.328**
4	Tipo de família $(X)_4$	0.232	0.928	0.250
5	Dimensão da família $(X)_5$	0.341	0.380	0.897
6	Exploração fundiária $(X)_6$	-0.758	1.656	-0.458
7	Rendimento anual $(X)_7$	-0.001	0.000	-1.375
8	Profissão $(X)_8$	0.340	0.309	1.102
9	Participação social $(X)_9$	0.264	0.201	1.318
10	Fonte de informação (x_{10})	0.183	0.149	1.222
11	Participação na extensão (x_{11})	0.598	0.177	3.371**
12	Motivação económica $(X)_{12}$	-0.070	0.120	-0.580
13	Capacidade de inovação $(X)_{13}$	0.384	0.339	1.132
14	Atitude $(X)_{14}$	0.010	0.050	0.204
15	Conhecimentos $(X)_{15}$	0.734	0.117	6.267**

Múltiplo R = 0,825 **R^2 = 0** **.680 (68. 00** **por cento)**

* Significativo ao nível de 5 por cento, ** Significativo ao nível de 1 por cento

A Tabela 37 mostrou ainda que os valores t de quatro variáveis viz., educação (2,486), casta (-3,328), participação na extensão (3,371) e conhecimento (6,267) foram significativos quer ao nível de significância de 0,05 ou 0,01. Assim, estas quatro variáveis contribuíram significativamente para explicar a variação do impacto socioeconómico do MNREGA nos beneficiários. As restantes onze variáveis, a saber, idade, dimensão da família, propriedade fundiária, rendimento anual, ocupação, participação social, fonte de informação, participação na extensão, motivação económica, capacidade de inovação e atitude, não contribuíram significativamente para o impacto socioeconómico da MNREGA nos beneficiários.

Pode assim concluir-se que 68,00% da variação total do impacto socioeconómico dos beneficiários do MNREGA foi explicada por um conjunto de 15 variáveis independentes. Destas, quatro variáveis, *nomeadamente* a educação, a casta, a participação na extensão e os conhecimentos, contribuíram significativamente para o impacto socioeconómico dos beneficiários do MNREGA. Este estudo forneceu provas do papel extremamente importante que as quatro variáveis significativas desempenharam no impacto socioeconómico do MNREGA nos beneficiários.

5.5.1.2 REGRESSÃO MÚLTIPLA STEPWISE

Efroymsons (1962) afirmou que a regressão por etapas era um desses métodos, que tem sido amplamente adotado na análise de regressão múltipla nos dias de hoje. Tem a vantagem adicional de, em cada fase da análise, cada variável ser objeto de um exame do seu valor preditivo. Com base nesta abordagem, a análise de regressão múltipla por etapas foi efectuada para conhecer as variáveis importantes e a sua capacidade de previsão para explicar a variação da variável dependente.

Na análise de regressão por etapas, todas as 15 variáveis independentes foram consideradas e regrediram com a variável dependente impacto socioeconómico da MNREGA. Os resultados são apresentados no Quadro 38.

O Quadro 38 mostra claramente que seis variáveis, *nomeadamente,* a participação na extensão (x_{11}), os conhecimentos (x_{15}), a casta (x_3), a capacidade de inovação (x_{13}), a educação (x_2) e a dimensão da família (x_5), em conjunto, explicaram 66,80% da variação total do impacto socioeconómico do MNREGA nos beneficiários. A variação inexplicada de (33,20%) pode dever-se a outros factores que não as seis variáveis acima mencionadas.

O quadro 38 mostra claramente que o valor F para todas as seis variáveis foi considerado significativo, indicando uma contribuição significativa destas variáveis para o impacto socioeconómico do MNREGA nos beneficiários. O coeficiente de regressão parcial indica que uma mudança de uma unidade na participação na extensão (x_{11}), nos conhecimentos (x_{15}), na casta (x_3), na capacidade de inovação (x_{13}), na educação (x_2) e na dimensão da família (x_5) alteraria 0,6185, 0,7256, -1,3856, 0,4608, 0,6416 e 0,6081 unidades no impacto socioeconómico da MNREGA nos beneficiários, respetivamente.

Tabela 38: Análise de regressão múltipla passo a passo e classificação das variáveis independentes com impacto socioeconómico do MNREGA nos beneficiários (n=200)

Não.	Variáveis independentes	Coeficiente de regressão parcial (b_i)	S.E. de b_i	valor "t	Valor F	Coeficiente de regressão parcial padrão (b'i)	Classificação
1.	Participação na extensão(Xn)	0.6185	0.1529	4.045	16.363	28.67	II
2.	Conhecimento(X)15	0.7256	0.1108	6.549	42.888	34.03	I
3.	Casta (X)3	-1.3856	0.4421	-3.134	9.823	-14.06	VI
4.	Inovação(X 13)	0.4608	0.2184	2.109	4.452	14.23	III
5.	Educação (X)2	0.6416	0.2891	2.219	4.925	10.89	IV
6.	Dimensão da família (X5)	0.6081	0.3320	1.832	3.355	8.45	V
Constante = 28,25		**R^2 = 0**	**.668 (66,80 por cento)**			**Múltiplos R =**	**0.817**

Com base nos resultados da análise de regressão por etapas, foi obtido o seguinte modelo de regressão.

$Y= a + b2X2 + b_3x_3 + b5X5 + b\ X_{nn} + b\ X_{nn} + b^\wedge + e$

Onde,

Y=Variável dependente prevista

a=A interceção, *ou seja,* 28,25

b_2 = Coeficiente de regressão parcial de Y sobre X2 (Educação)

b_3 = Coeficiente de regressão parcial de Y em X3 (Casta)

b_5 = Coeficiente de regressão parcial de Y sobre X5 (dimensão da família)

b_{11} = Coeficiente de regressão parcial de Y em X11 (participação na extensão)

b_{13} = Coeficiente de regressão parcial de Y em X13 (carácter inovador)

b_{15} =Coeficiente de regressão parcial de Y emX_{15} (Conhecimento)

Substituindo o valor de "a" e "bi", o modelo é o seguinte

Y = (28,25) + (0,6416) **X2** + (-1,3856) **X3** + (0,6081) **X5** + (0,6185) x_{11} + (0,4608) x_{13} + (0,7256) x_{15}

As várias variáveis independentes tinham a sua própria unidade de medida, o que não permitia uma comparação do valor do coeficiente de regressão parcial. Para facilitar a comparação, os valores do coeficiente de regressão parcial (b_i) foram convertidos em valores do coeficiente de regressão parcial padrão (b'_i), que não tinham unidades de medida. As variáveis independentes foram então ordenadas com base nos valores do coeficiente de regressão parcial padrão (b_i), que são apresentados na Tabela 38. A ordem destas seis variáveis, da mais alta para a mais baixa, foi a seguinte: (i) conhecimentos (34,03), (ii) participação na extensão (28,67), (iii) capacidade de inovação (14,23), (iv) educação (10,89), (v) dimensão da família (08,45) e (vi) casta (-14,06).

Tabela 39: Variação stepwise contabilizada por variáveis independentes selecionadas no impacto socioeconómico do MNREGA nos beneficiários (n = 200)

Não.	Variáveis independentes	Múltiplo R	Variação total contabilizada $(R)^2$	Variação entre etapas
1.	X11	0.701	0.491 (49.10%)	49.10
2.	X11+X15	0.790	0.624 (62.40%)	13.30
3.	X3+X11+X15	0.803	0.644 (64.40%)	2.0
4.	X3+X11+X13+X15	0.809	0.654 (65.40%)	1.0
5.	X2+ X3+X11+X13+X15	0.814	0.662 (66.20%)	0.8
6.	X2+X3+X5+X11+X13+X15	0.820	0.6680(66.80%)	0.6
Total				**66.80**

x_{11}= Participação na extensão, x_{15}= Conhecimentos, x_3= Casta, x_{13}= Capacidade de inovação, X2=
Educação e x_5= Dimensão da família

O Quadro 39 mostra também que a variável participação na extensão, por si só, foi responsável por 49,10% da variação do impacto socioeconómico dos beneficiários do MNREGA, seguida da participação na extensão + conhecimento (62,40%), participação na extensão + conhecimento + casta (64,40%), participação na extensão + conhecimento + casta + capacidade de inovação (65,20%), participação na extensão + conhecimento + casta + capacidade de inovação + educação (66,20%) e participação na extensão + conhecimento + casta + capacidade de inovação + educação + dimensão da família (66,80%).

Conclui-se dos resultados supra da análise de regressão por etapas que 66,80 por cento da variação foi explicada pela participação na extensão (x_{11}), pelo conhecimento (x_{15}), pela casta (x_3), pela capacidade de inovação (x_{13}), pela educação (x_2) e pela dimensão da família (x_5), em conjunto, no impacto socioeconómico dos beneficiários do MNREGA. O valor do coeficiente de determinação (R^2) indica que a capacidade de inovação (49,10 %) se encontrava na ordem de grandeza mais elevada, o que reflecte a sua importância.

5.5.1.3 Análise da trajetória do impacto socioeconómico do MNREGA nos beneficiários

A análise de correlação e regressão dos dados indicou a associação e a relação entre as variáveis independentes (exógenas) e dependentes (endógenas) na presença de todas as outras variáveis, que eram normalmente operativas.

A associação resultante dos estudos de correlação pode ser diferente noutra situação, em que algumas das variáveis independentes podem não existir no estudo ou podem ser latentes.
Verificou-se que o coeficiente de correlação (r) era significativo em relação a todas as variáveis independentes (exceto a variável idade) com o impacto socioeconómico da MNREGA nos beneficiários. Nas regressões múltiplas, verificou-se que 04 variáveis eram significativas em relação ao impacto socioeconómico da MNREGA nos beneficiários.
Os dados indicaram, assim, que a relação observada entre as variáveis dependentes e independentes era apenas parcialmente absoluta e relativa e que uma parte da relação observada era a contribuição dada por outras variáveis independentes que exerciam a sua influência coletivamente.
Por conseguinte, é de interesse estudar a influência das variáveis independentes na variável dependente, tanto diretamente como através de outras variáveis presentes no estudo. As análises completas do coeficiente de caminho são apresentadas no Apêndice C. O efeito direto, o efeito indireto total e o primeiro efeito indireto substancial são apresentados no Quadro 40.

Tabela 40: Coeficientes de caminho que mostram o efeito das variáveis independentes sobre as variáveis socioeconómicas
impacto económico do MNREGA nos beneficiários (n=200)

Não.	Variáveis independentes	Efeito direto	Efeito indireto total	Primeiro Efeito indireto substancial (através de variável)	
1	Idade (x_1)	0.0629	0.0521	0.0384	x_{11}
2	Educação (X $)_2$	0.1293	0.3647	0.1499	x_{15}
3	Casta (X $)_3$	-0.1551	-0.2579	-0.1091	x_{15}
4	Tipo de família (X $)_4$	0.0130	0.395	0.1436	x_{11}
5	Dimensão da família (X $)_5$	0.0474	0.3446	0.1106	x_{15}
6	Exploração fundiária (X $)_6$	-0.0350	-0.513	-0.1937	x_{11}
7	Rendimento anual (X $)_7$	-0.1836	0.8066	0.2184	x_{11}
8	Profissão (X $)_8$	0.0651	0.3629	0.1544	x_{11}
9	Participação social (X $)_9$	0.0731	0.3839	0.1414	x_{11}
10	Fonte de informação (X $)_{10}$	0.1087	0.5253	0.2028	x_{11}
11	Participação na extensão (x_{11})	0.2770	0.424	0.1802	x_{15}
12	Motivação económica (X $)_{12}$	-0.0469	0.6129	0.2049	x_{11}
13	Capacidade de inovação (X $)_{13}$	0.1188	0.5232	0.2131	x_{11}
14	Atitude (X $)_{14}$	0.0161	0.5649	0.1994	x_{11}
15	Conhecimentos (X $)_{15}$	0.3442	0.3328	0.1450	x_{11}

EFEITO DIRECTO

Das 15 variáveis independentes analisadas, onze variáveis independentes exerceram um efeito direto positivo e quatro variáveis independentes exerceram um efeito direto negativo (Quadro 40) sobre a extensão do impacto socioeconómico do MNREGA.
O conhecimento (0,3442) exerceu a maior influência direta e positiva, seguido da participação na extensão (0,2770). O impacto das restantes variáveis foi comparativamente insignificante, pelo que o conhecimento foi considerado uma variável crucial importante, seguida da participação na extensão, no que diz respeito ao efeito positivo direto.

O rendimento anual (-0,1836) exerceu o maior efeito negativo direto. As restantes variáveis exerceram uma influência comparativamente negligenciável.

EFEITO INDIRECTO TOTAL

No que diz respeito ao efeito indireto total, o rendimento anual exerceu um efeito indireto positivo máximo (0,8066), seguido da motivação económica (0,6129), da atitude (0,5649), da fonte de informação (0,5253), da capacidade de inovação (0.5232), participação na extensão (0,4240), tipo de família (0,3950), participação social (0,3839), educação (0,3647), ocupação (0,3629), tamanho da família (0,3446), conhecimento (0,3328) e idade (0,0521). A casta (-0,2579) e a posse de terra (-0,5130) tiveram um efeito indireto negativo.

EFEITO INDIRECTO SUBSTANCIAL (PRIMEIRO)

Das 15 variáveis independentes, treze variáveis exerceram um efeito indireto substancial positivo e duas variáveis, a propriedade fundiária (-0,1937) e a casta (-0,1091), tiveram um efeito indireto substancial negativo. O rendimento anual exerceu um efeito indireto substancial positivo máximo (0,2184), seguido da capacidade de inovação (0,2131), da motivação económica (0,2049), da fonte de informação (0,2028), da atitude (0,1994), da participação na extensão rural (0,1802), da ocupação (0,1544), da educação (0,1499), dos conhecimentos (0,1450), do tipo de família (0,1436), da participação social (0,1414), da dimensão da família (0,1106) e da idade (0,0384), que tiveram uma influência negligenciável. Assim, estas variáveis foram consideradas importantes e cruciais para o impacto socioeconómico do MNREGA nos beneficiários no que diz respeito ao efeito indireto total. A maioria das variáveis exerceu um efeito indireto substancial através da participação na extensão (x_{11}), inferindo que, em associação com outras variáveis, a participação na extensão foi também uma variável crucial importante.

5.6 Constrangimentos enfrentados pelos beneficiários do MNREGA no MNREGA.

Podem existir muitos condicionalismos no percurso dos beneficiários do MNREGA. Se esses constrangimentos forem identificados, podem ser tomadas medidas corretivas. Nesta perspetiva, solicitou-se aos beneficiários que exprimissem os seus condicionalismos para beneficiarem do regime MNREGA. Foram calculadas a frequência e a percentagem de cada constrangimento. Os dados a este respeito são apresentados no quadro 41.

Quadro 41: Constrangimentos enfrentados pelos beneficiários no MNREGA (n=200)

Não.	Restrições	Frequência	Por cento	Classificação
1.	O subsídio de desemprego não está previsto em caso de atraso no emprego	180	90.00	I
2.	O emprego de cem dias (por agregado familiar e por ano) é de borras na situação atual	170	85.00	II
3.	Falta de instalações médicas perto do local de trabalho	156	78.00	III
4.	O mesmo salário é atribuído a todos os tipos de trabalho	144	72.00	IV
5.	O trabalho contínuo não é fornecido	122	61.00	V
6.	Os salários não são pagos de acordo com a lei.	112	56.00	VI
7.	De acordo com a lei, nem sempre é possível obter emprego durante 100 dias.	90	45.00	VII
8.	Sem sombra durante o período de repouso	80	40.00	VIII

9.	Atraso na emissão do cartão de emprego	60	30.00	IX

O quadro 41 mostra que a esmagadora maioria (90,00 por cento) dos beneficiários referiu que o subsídio de desemprego não é atribuído em caso de atraso no emprego, ocupando o primeiro lugar. A falta de instalações médicas perto do local de trabalho (78,00 por cento) ficou em terceiro lugar, a mesma taxa salarial é dada para todos os tipos de trabalho (72,00 por cento) ficou em quarto lugar, o trabalho contínuo não é fornecido (61,00 por cento) ficou em quinto lugar, os salários não são fornecidos de acordo com a lei. (56,00 por cento), em sexto lugar, eram os principais obstáculos à realização do objetivo do MNREGA, seguidos de emprego durante 100 dias nem sempre disponível de acordo com a lei (45,00 por cento), em sétimo lugar, ausência de sombra durante o período de descanso (40,00 por cento), em oitavo lugar, e atraso na emissão do cartão de emprego (30,00 por cento), em nono lugar.

5.7 Sugestões para ultrapassar os constrangimentos na perceção dos beneficiários do MGNREGA

Também se procurou obter sugestões dos beneficiários para ultrapassar os problemas que enfrentam no MNREGA. As sugestões dadas pelos beneficiários foram recolhidas, resumidas e apresentadas no Quadro 42.

Quadro 42: Sugestões para ultrapassar os constrangimentos, segundo a perceção do MNREGA
beneficiários (n=200)

Não.	Sugestões	Frequência	Por cento	Classificação
1.	Disponibilização de instalações como serviços médicos, água potável e casas de banho perto do local de trabalho.	192	96.00	I
2.	Prestação de trabalho contínuo	184	92.00	II
3.	Flexibilidade no horário de trabalho.	170	85.00	III
4.	Pagamento atempado dos salários	164	82.00	IV
5.	Fornecer 100 dias de trabalho	148	74.00	V
6.	Suspensão temporária do trabalho do MNREGA durante a época alta da agricultura	130	65.00	VI
7.	Salário igual para homens e mulheres	108	54.00	VII
8.	100 dias de emprego devem ser aumentados para 130 a 150 dias.	90	45.00	VIII
9.	Emissão atempada da carteira de trabalho	32.5	32.50	IX

Table 42 revealed that provision of facilities like medical, drinking water, toilet near the work place (96.00 per cent) ranked first followed by provision of continuum work (92.00 per cent), flexibility in schedule of working hours (85.00 per cent), timely payment of wages (82.00 per cent), provide 100 days of work (74.00 por cento), a suspensão temporária do trabalho do MNREGA durante a época agrícola alta (65,00 por cento), o mesmo salário para homens e mulheres (54,00 por cento), 100 dias de emprego devem ser aumentados para 130 a 150 dias (45,00 por cento) e a emissão atempada do cartão de emprego (32,50 por cento) foram algumas das sugestões importantes dos beneficiários do MNREGA.

CAPÍTULO VI

VI. RESUMO E CONCLUSÕES

Este capítulo trata do resumo e das conclusões retiradas no contexto dos objectivos do estudo e de uma breve descrição da investigação futura, tal como mencionado abaixo.

6.1 Resumo

A Lei Nacional de Garantia do Emprego Rural (NREGA) foi notificada em 7th de setembro de 2005. Esta lei abrangeu 200 distritos do país durante a sua primeira fase de aplicação no ano 2006-2007 e foi alargada a mais 130 distritos no exercício financeiro de 2007-2008. O principal objetivo do governo da Índia é alcançar a justiça social e o crescimento económico. Neste contexto, o governo tem vindo a planear e a executar uma série de programas de desenvolvimento rural desde a independência. No entanto, tornou-se claro que estes programas não conseguiram realizar plenamente as mudanças desejadas nas condições sociais e económicas das massas rurais. Neste contexto, foi criado o regime nacional de garantia do emprego rural (NREGS).

A Lei Nacional de Garantia do Emprego Rural de 2005 (NREGA) garante 100 dias de emprego num ano financeiro a qualquer agregado familiar rural cujos membros adultos estejam dispostos a efetuar trabalhos manuais não qualificados. A lei foi inicialmente promulgada em 200 distritos, tendo sido gradualmente alargada a outras zonas notificadas pelo Governo Central. Atualmente, a NREGA, rebaptizada como MNREGA (Mahatma Gandhi National Rural Employment Guarantee Act), abrangeu todo o país nos cinco anos seguintes à sua promulgação.

O MNREGA é um programa baseado em direitos, implementado pelo governo com o objetivo de aumentar a segurança dos meios de subsistência da população rural. Trata-se de um programa holístico que engloba oportunidades de emprego, a emancipação das mulheres e a criação de bens duradouros para a comunidade. Foi adotado principalmente para controlar a migração de jovens rurais em busca de emprego na cidade durante a época baixa. Por conseguinte, o regime é vital para a promoção das pessoas pobres e dos jovens rurais através da criação de emprego. Por conseguinte, é essencial que seja devidamente utilizado.

Neste contexto, o estudo sobre a atitude dos beneficiários em relação ao MNREGA é essencial, uma vez que revela os factos, a forma como as pessoas se sentem em relação ao regime e como a sua atitude pode ser moldada para aproveitar os benefícios do regime. É a este respeito que o

Resumo e conclusões O presente estudo, intitulado "Impacto socioeconómico do programa da Lei Nacional de Garantia do Emprego Rural de Mahatma Gandhi nos beneficiários do distrito de Banaskantha do Estado de Gujarat", foi realizado com o seguinte objetivo específico

1) Estudar o perfil dos beneficiários do MNREGA
2) Desenvolver uma escala para medir a atitude dos beneficiários em relação ao MNREGA
3) Conhecer a atitude dos beneficiários em relação ao MNREGA
4) Averiguar os conhecimentos dos beneficiários relativamente ao MNREGA.
5) Estudar o impacto socioeconómico do MNREGA nos beneficiários.
6) Descobrir a associação entre as caraterísticas selecionadas dos beneficiários e o seu impacto socioeconómico do MNREGA
7) Identificar os condicionalismos enfrentados pelos beneficiários para beneficiarem das vantagens do programa

8) Procurar obter sugestões dos beneficiários para ultrapassar os constrangimentos que enfrentam no âmbito do MNREGA

6.2 Revisão da literatura

Foi apresentada uma breve descrição da literatura analisada sobre as variáveis independentes dos beneficiários, o impacto socioeconómico global do MNREGA nos beneficiários, a relação entre o impacto socioeconómico global do MNREGA nos beneficiários e as suas variáveis independentes, os constrangimentos enfrentados pelos beneficiários do MNREGA para usufruir dos benefícios do programa e sugestões para ultrapassar os constrangimentos.

6.3 Orientação teórica

Com base na revisão da literatura que tem uma relação direta ou indireta com o problema, foi desenvolvida uma orientação teórica para o estudo. Vários conceitos foram operacionalizados de acordo com o objetivo do estudo. Com base nos pressupostos, foi estabelecido um paradigma provisório. Foram também formuladas as hipóteses nulas, com base na orientação teórica.

6.4 Metodologia

O procedimento metodológico consistiu no local de estudo, no procedimento de seleção dos beneficiários do MNREGA, na conceção da investigação, na seleção das variáveis, na operacionalização e na medição empírica das variáveis independentes e dependentes, no método de recolha de dados e nos instrumentos estatísticos utilizados.

Foi utilizado para o estudo um modelo de investigação ex-post facto. Foi seguida a técnica de amostragem aleatória em várias fases para a seleção do distrito, dos talukas, das aldeias e dos beneficiários. O Estado de Gujarat tem 33 distritos e, de entre estes, o distrito de Banaskantha foi selecionado propositadamente para este estudo. O distrito de Banaskantha compreende catorze talukas, das quais foram selecionadas propositadamente quatro talukas, nomeadamente Danta, Amirgadh, Deesa e Dantiwada. Em seguida, foram selecionadas aleatoriamente cinco aldeias de cada taluka selecionada. Foram selecionados aleatoriamente dez beneficiários do MNREGA de cada aldeia selecionada. Assim, a dimensão da amostra era constituída por 200 beneficiários do MNREGA.

O impacto socioeconómico foi a variável dependente utilizada neste estudo. As 15 variáveis independentes escolhidas para efeitos do estudo foram a idade, a educação, a casta, o tipo de família, a dimensão da família, a propriedade fundiária, o rendimento anual, a ocupação, a participação social, a fonte de informação, a participação na extensão, a motivação económica, a capacidade de inovação, a atitude e os conhecimentos.

A fim de medir a atitude dos beneficiários, a escala de atitude foi construída utilizando a técnica de classificação somada de Likert (1932) e Edward (1957). A escala final é constituída por 15 afirmações, como indicado no Apêndice A. A escala foi administrada aos beneficiários para medir a sua atitude em relação ao MNREGA. As outras variáveis dependentes e independentes foram medidas utilizando escalas e índices adequados adoptados por vários investigadores. A relação entre a variável dependente e as caraterísticas selecionadas foi verificada através do cálculo do coeficiente de correlação. O grau de variação foi também medido através de regressões múltiplas. Foi elaborado um programa de entrevistas, tendo em conta os objectivos do estudo. Antes da sua utilização efectiva, foi pré-testado e traduzido para gujarati.

Foi seguida uma abordagem antes e depois para conhecer a mudança implícita através da participação no MNREGA. O próprio investigador recolheu dados durante os meses de março a abril de 2017 junto dos 200 beneficiários, através de uma entrevista pessoal com a ajuda de um programa de entrevistas. Os dados recolhidos foram classificados, tabulados e analisados de forma a tornar as conclusões significativas. Foram utilizadas medidas estatísticas como a percentagem, a média, a pontuação média, o desvio-padrão, o coeficiente de correlação, a regressão múltipla passo a passo, a análise do coeficiente de regressão parcial padrão e a análise do caminho.

Foram utilizadas escalas apropriadas desenvolvidas por investigadores anteriores para a medição de variáveis independentes à luz do objetivo, bem como de diferentes componentes do impacto socioeconómico. Os dados foram recolhidos através de entrevistas pessoais e, em seguida, foram compilados, tabulados e analisados para obter uma resposta adequada aos objectivos do estudo, tendo sido utilizados vários métodos estatísticos para testar as hipóteses de tratamento dos dados e chegar a uma medida para as conclusões do estudo. As conclusões importantes do estudo são resumidas a seguir:

6.5 Conclusões

6.5.1 Variáveis independentes

6.5.1.1 Idade

Mais de dois terços (67,00 por cento) dos beneficiários pertenciam ao grupo da meia-idade, seguidos dos jovens e dos idosos, com 23,50 e 9,50 por cento, respetivamente.

6.5.1.2 Educação

Um pouco mais de dois quintos (43,00 por cento) dos beneficiários eram analfabetos, seguidos de 29,50 por cento, 18,00 por cento, 07,00 por cento e 02,50 por cento que possuíam, respetivamente, o ensino primário, o ensino secundário, o ensino funcional e o ensino superior. Nenhum dos beneficiários possuía um nível de ensino superior ou de pós-graduação.

6.5.1.3 Casta

Pouco mais de dois quintos (42,00 por cento) dos beneficiários pertenciam à categoria SC, seguidos de 38,50 por cento e 19,50 por cento dos beneficiários pertenciam à categoria ST e à categoria OBC, respetivamente. Nenhum deles pertencia à casta geral e à casta migratória.

6.5.1.4 Tipo de família

A grande maioria (78,00 por cento) dos beneficiários pertencia a uma família nuclear e os restantes 22,00 por cento pertenciam a uma família conjunta.

6.5.1.5 Dimensão da família

Um pouco menos de dois quintos (39,00 por cento) dos beneficiários tinham 5 a 6 membros na família, seguidos de 31,50 por cento, 14,00 por cento, 09,00 por cento e 06,50 por cento que tinham 3 a 4 membros, 7 a 8 membros, mais de 8 membros e 1 a 2 membros na família, respetivamente.

6.5.1.6 Exploração de terras

Um pouco mais de três quintos (62,00 por cento) dos beneficiários não tinham terra, enquanto 33,50 por cento e 04,50 por cento possuíam uma exploração marginal e pequena, respetivamente. Nenhum deles possuía terras de dimensão média e grande.

6.5.1.7 Rendimento anual

A maioria (68,00 por cento) dos beneficiários tinha um rendimento médio que variava entre 20451,16 e 70398,84 rupias por ano, seguido de 19,00 por cento que tinham um nível elevado de rendimento anual acima de 70398,84 rupias. Apenas 13,00 por cento dos beneficiários do MNREGA tinham um rendimento baixo, até 20451,16 rupias.

6.5.1.8 Profissão

Pouco mais de dois quintos (42,50%) dos beneficiários estavam envolvidos em ocupações não qualificadas para a sua subsistência, enquanto 38,00% estavam dependentes do trabalho agrícola/agrícola. Além disso, 10,00 por cento e 07,00 por cento dos beneficiários exerciam uma atividade profissional qualificada e trabalhavam no sector privado, respetivamente. Apenas 02,50% das pessoas estavam envolvidas em trabalho contratual no âmbito do MNREGA como meio de subsistência.

6.5.1.9 Participação social

A maioria (64,00 por cento) dos beneficiários estava envolvida no trabalho comunitário, enquanto 22,00 por cento não participavam em qualquer organização. Além disso, 08,00 por cento, 03,50 por cento e 02,50 por cento dos beneficiários tinham um cargo oficial numa ou mais organizações sociopolíticas, um cargo oficial num comité social e político e uma contribuição financeira ou um fundo de aumento para o comité, respetivamente. Nenhum deles era membro de barreiras de escritório activas.

6.5.1.10 Fonte de informação

A maioria (72,50%) dos beneficiários contactou sempre com os seus vizinhos, seguidos de 65,00% e 60,00% que contactaram com o círculo de amigos e familiares, que foram a sua principal fonte de informação. Seguem-se 65,00 por cento, 55,00 por cento e 52,50 por cento dos beneficiários que nunca contactaram com jornais, televisão e rádio como fonte de informação. Além disso, 40,50 por cento e 35,00 por cento dos inquiridos nunca contactaram com qualquer outra fonte de informação, respetivamente.

6.5.1.11 Participação na extensão

Um pouco mais de dois quintos (41,50%) dos beneficiários tinham um nível médio de participação na extensão, seguido de um nível baixo de participação na extensão (38,50%) e um nível alto de participação na extensão (20,00%).

6.5.1.12 Motivação económica

Menos de metade (46,50%) dos beneficiários tinha um nível médio de motivação económica, seguido de 33,00 e 20,50% dos beneficiários com um nível baixo e alto de motivação económica, respetivamente.

6.5.1.13 Capacidade de inovação

Pouco mais de metade (51,00 por cento) dos beneficiários tinham um grau de inovação médio, enquanto 26,00 e 23,00 por cento dos beneficiários tinham um grau de inovação elevado ou baixo, respetivamente.

6.5.1.14 Atitude em relação ao MNREGA

Um pouco menos de três quintos (58,00 por cento) dos beneficiários tinham uma atitude moderadamente favorável em relação ao MNREGA, seguidos de 22,50 por cento e 19,50 por cento que tinham uma atitude muito favorável e menos favorável em relação ao MNREGA, respetivamente.

6.5.1.15 Conhecimentos sobre o MNREGA

Mais de dois quintos (63,00 por cento) dos beneficiários tinham um nível médio de conhecimentos sobre o MNREGA, seguidos de 19,50 e 17,50 por cento que tinham um nível baixo e alto de conhecimentos sobre o MNREGA, respetivamente.

6.5.2 Impacto socioeconómico do MNREGA nos beneficiários.

6.5.2.1 Variação dos rendimentos

52,00 por cento dos beneficiários comunicaram um aumento do rendimento na agricultura, seguido de 21,95 por cento em actividades não agrícolas e todos os participantes aumentaram o seu rendimento após a participação no MNREGA.

Além disso, pouco mais de três quintos (61,00 por cento) dos beneficiários registaram uma alteração de nível médio nos seus rendimentos devido à participação no MNREGA, entre 34 e 66 por cento, seguidos de 26,50 por cento dos beneficiários que registaram uma alteração de nível baixo nos seus rendimentos, ou seja, até 33 por cento. Por outro lado, 12,50% dos beneficiários registaram uma alteração de alto nível nos seus rendimentos (superior a 66%).

6.5.2.2 Mudança de estatuto social

Registou-se um aumento de 54,54% no número de beneficiários que indicaram uma melhoria do seu estatuto social após a adesão ao MNREGA. Houve um aumento de 17,24% e 104,76% no número de beneficiários que receberam mais convites das pessoas da aldeia para funções sociais e que obtiveram mais respeito entre o grupo social, respetivamente. Duzentos por cento do número de beneficiários que obtiveram mais peso pela sua presença na resolução de conflitos depois de aderirem ao MNREGA. Houve também um maior envolvimento na política a nível da aldeia. Anteriormente, não havia qualquer envolvimento na política da aldeia, mas após a implementação do programa, 04,00 por cento dos inquiridos consideraram que houve um aumento do envolvimento na política a nível da aldeia. As pessoas procuram soluções junto dos inquiridos para os problemas sociais (130,76%) e aumentam a liderança no grupo de casta/religião (143,51%). Verificou-se uma tendência para o aumento do estatuto social dos beneficiários. A percentagem de mudança dos beneficiários aumentou em todos os aspectos do estatuto social, exceto no que se refere à participação no panchayat da aldeia e à eleição de membros do panchayat/comité da aldeia.

Além disso, mais de metade (55,00 por cento) dos beneficiários registou uma alteração média do seu estatuto social devido à participação no MNREGA, entre 34 e 66 por cento, seguida de 32,00 por cento dos beneficiários que registaram uma alteração baixa do seu estatuto social, *ou seja,* até 33 por cento. Enquanto 13,00 por cento dos beneficiários registaram uma elevada alteração do estatuto social (acima de 66 por cento).

6.5.2.3 Alteração do padrão de despesas

Registou-se um aumento do número de beneficiários após a participação no MNREGA. O aumento da percentagem de beneficiários em termos de utilização de produtos alimentares foi de 57,14% para os cereais, 84,89% para as leguminosas, 63,71% para os legumes, 84,47% para o óleo, 93,55% para o leite e produtos lácteos, 123,55% para a fruta, 61,11% para os ovos e carne e 1000% para os pacotes de alimentos suplementares.

No que diz respeito à mudança de padrão de vestuário, registou-se um aumento do número de beneficiários que preferiam usar calças com camisa 154,04%, saree 77,78%, vestuário moderno 341,38% e outros tecidos 07,50%. Por outro lado, o padrão de vestuário, como o uso de dhoti e de vestido tradicional, diminuiu 22,75% e 58,56%, respetivamente.

Registou-se um aumento do número de beneficiários que declararam ter alterado as suas condições de vida, como a casa pakka (30,43%) e a mistura (kachha-pakka) (66,67%). Houve 05,00 por cento de beneficiários que tinham ampliado a sua casa e renovado as suas casas após a implementação do MNREGA. Por outro lado, o número de inquiridos que possuíam uma cabana e uma casa kachha diminuiu 85,71% e 31,25%, respetivamente.

Verificou-se um aumento do número de beneficiários em todos os indicadores de mudança nos aspectos educativos, como o pagamento da propina escolar regular (32,74%), o pagamento de propinas extra (32,74%) e o pagamento de propinas de ensino secundário (32,74%).

Resumo e conclusões 46,42% e 95,45% foram admitidos numa escola melhor mediante pagamento, respetivamente. O número de beneficiários que adquiriram livros escolares foi de 51,67%, uniformes 94,68%, veículos 192,30%, materiais de leitura 62,02% e material para estudos superiores 35,00%.

Além disso, a maioria (73,00 por cento) dos beneficiários registou uma alteração média, *ou seja,* até 34 a 36 por cento, no seu padrão de despesas devido à participação no MNREGA, o que resultou em despesas adicionais em produtos alimentares, vestuário, condições de vida e aspectos educativos, ao passo que 14,00 por cento registaram uma elevada alteração no seu padrão de despesas, acima dos 66,00 por cento. Um número bastante reduzido de 13,00 por cento dos beneficiários registou uma baixa alteração nas suas despesas nos vários itens, até 33,00 por cento.

6.5.2.4 Alteração da posse de material

Verificou-se um aumento do número de beneficiários que possuíam diferentes materiais depois de usufruírem dos benefícios do MNREGA, como a posse de mesa (madeira) 79,35 por cento, berço (aço/madeira) 64,65 por cento, fogão (querosene) 88,71 por cento, lâmpada 60.95 por cento, relógio de pulso 67,68 por cento, bicicleta 94,57 por cento, lanterna 59,43 por cento, cadeira 102,32 por cento, armário 75,29 por cento, rádio 82,71 por cento, gravador 68,18 por cento, televisão 2950 por cento, telemóvel 3900 por cento. Mais de dois quintos (43,50%) dos inquiridos compraram diferentes tipos de materiais domésticos, como ventoinha de mesa, bidão de água e lâmpada eletrónica.

Além disso, mais de dois quintos (45,00 por cento) dos beneficiários pertenciam à categoria de mudança média (34 a 66 por cento de mudança), seguidos de 28,00 por cento dos beneficiários que pertenciam à categoria de posse material elevada (acima de 66 por cento de mudança) e 27,00 por cento que pertenciam à categoria de posse material baixa (até 33 por cento de mudança).

6.5.2.5 Alteração do hábito de poupança

Verificou-se um aumento do número de beneficiários que comunicaram mudanças nos hábitos de poupança, como a abertura de uma conta de poupança no banco (100,00 por cento), a poupança em casa (48,84 por cento), o depósito fixo no banco (105,08 por cento), o depósito recorrente no banco (157,14 por cento) e a apólice de seguro (261,05 por cento).

Verificou-se um aumento do número de beneficiários que indicaram que o seu hábito de poupança mudou depois de terem beneficiado do MNREGA. A percentagem de beneficiários que aumentou foi de (2 333,33%), que poupou 300 rupias em relação ao inquirido que poupava antes da MNREGA, e de (426,31%), que poupou 200 rupias, e de (100), que poupou 100 rupias.

Resumo e Conclusões (65,62%), 50 rupias por (69,44%) mais inquiridos do que antes do MNREGA. Por outro lado, a mudança de hábito de poupança mensal diminuiu no caso da poupança de 20 rupias e 10 rupias em 14,08% e 14,93%, respetivamente. Anteriormente, ninguém poupava mais de 300 rupias. Mas após a implementação da MNREGA, 24,00 e 29,00 por cento dos inquiridos pouparam 500 rupias e 400 rupias, respetivamente.

Além disso, mais de metade (52,00 por cento) dos beneficiários registaram uma mudança média nos seus hábitos de poupança, ou seja, uma mudança de 34 a 66 por cento, seguida de 31,50 por cento que registaram uma mudança baixa nos seus hábitos de poupança, *ou seja,* uma mudança de até 33 por cento. Enquanto apenas 16,50% dos beneficiários registaram uma mudança elevada, *ou seja,* uma mudança superior a 66% nos seus hábitos de poupança.

6.5.2.6 Evolução do emprego

Verificou-se um aumento do número de beneficiários que mudaram de emprego, tendo 24,03 e 60,00 por cento dos beneficiários obtido emprego durante um ano inteiro e emprego num domínio agrícola específico. Também se registou um aumento de 471,42% no número de inquiridos que obtiveram emprego ao abrigo de diferentes regimes do Governo.

Além disso, pouco menos de três quintos (58,50%) dos beneficiários registaram alterações médias (34 a 66%) no seu emprego devido à participação no MNREGA, seguidos de 22,00% dos beneficiários do MNREGA que registaram alterações elevadas (acima de 66%) no seu emprego. Por outro lado, 19,50% dos beneficiários da MNREGA registaram uma baixa mudança (até 33%) no seu emprego.

6.5.2.7 Impacto socioeconómico global do MNREGA nos beneficiários

Um pouco mais de três quintos (61,00 por cento) dos beneficiários tinham um nível médio de impacto socioeconómico do MNREGA, seguidos de 21,00 por cento dos beneficiários que pertenciam a um nível baixo de impacto socioeconómico e 18,00 por cento dos beneficiários que pertenciam a uma categoria de nível elevado de impacto socioeconómico do MNREGA.

6.5.3 Associação entre o perfil dos beneficiários do MNREGA e o impacto socioeconómico do MNREGA

No total, foram estudadas quinze variáveis dos beneficiários, a saber: educação, tipo de família, tamanho da família, renda anual, ocupação, participação social, fonte

Resumo e Conclusões A informação, a participação na extensão, a motivação económica, a capacidade de inovação, a atitude em relação ao MNREGA e os conhecimentos sobre o MNREGA constituíram uma correlação positiva e significativa do impacto socioeconómico do MNREGA nos beneficiários. A casta e a propriedade fundiária dos beneficiários do MNREGA foram consideradas correlacionadas de forma negativa e significativa. A idade dos beneficiários do MNREGA não mostrou qualquer associação significativa com o seu impacto socioeconómico do MNREGA.

6.5.4 Análise de regressão múltipla

Pode concluir-se que 68,00 por cento da variação total do impacto socioeconómico do MNREGA nos beneficiários foi explicada por um conjunto de 15 variáveis independentes. Destas, quatro variáveis, *nomeadamente* a educação, a casta, a participação na extensão e os conhecimentos, contribuíram de forma significativa para o impacto socioeconómico nos beneficiários da MNREGA.

6.5.5 Análise de regressão múltipla passo a passo

O valor F para todas as onze variáveis foi considerado significativo, quer ao nível de significância de 0,05 quer ao nível de significância de 0,01, indicando uma contribuição significativa destas seis variáveis no impacto socioeconómico do MNREGA nos beneficiários. O coeficiente de regressão parcial indica que uma mudança unitária na participação na extensão, no conhecimento, na casta, na capacidade de inovação, na educação e no tamanho da família mudaria 0,6185, 0,7256, -1,3856, 0,4608, 0,6416 e 0,6081 unidades no impacto socioeconómico do MNREGA nos beneficiários, respetivamente.

A variável "participação na extensão", por si só, foi responsável por 49,10% da variação do impacto socioeconómico dos beneficiários, seguida da variável "participação na extensão + conhecimentos" (62,40%), "participação na extensão + conhecimentos + casta" (64,40%), "participação na extensão + conhecimentos + casta + capacidade de inovação" (65,20%), "participação na extensão + conhecimentos + casta + capacidade de inovação + educação" (66,20%) e "participação na extensão + conhecimentos + casta + capacidade de inovação + educação + dimensão da família" (66,80%).

6.5.6 Análise da trajetória

O conhecimento foi considerado uma variável crucial importante no que diz respeito ao efeito positivo direto. O rendimento anual exerceu o maior efeito negativo direto sobre o impacto socioeconómico do MNREGA nos beneficiários.

O rendimento anual exerceu o efeito indireto total positivo mais elevado e a propriedade fundiária exerceu o efeito indireto total negativo mais elevado sobre o impacto socioeconómico do MNREGA nos beneficiários.

No que se refere ao efeito indireto substancial, o rendimento anual exerceu o maior efeito positivo através da idade sobre o impacto socioeconómico do MNREGA nos beneficiários.

6.5.7 Constrangimentos enfrentados pelos beneficiários do MNREGA no MNREGA.

Os principais constrangimentos enfrentados pelos beneficiários foram os seguintes: o subsídio de desemprego não é atribuído em caso de atraso no emprego (90,00 por cento) ficou em primeiro lugar. A falta de instalações médicas perto do local de trabalho (78,00 por cento) ficou em terceiro lugar, a mesma taxa salarial é dada para todos os tipos de trabalho (72,00 por cento) ficou em quarto lugar, o trabalho contínuo não é fornecido (61,00 por cento) ficou em quinto lugar, os salários não são fornecidos de acordo com a lei. (56,00 por cento), em sexto lugar, foram os principais obstáculos à realização do objetivo do MNREGA, seguidos do facto de o emprego durante 100 dias nem sempre estar disponível nos termos da lei. (45,00 por cento) em sétimo lugar, a ausência de sombra durante o período de descanso (40,00 por cento) em oitavo lugar e o atraso na emissão do cartão de emprego (30,00 por cento) em nono lugar.

6.5.8 Sugestões para ultrapassar os constrangimentos na perceção dos beneficiários do MGNREGA

Important suggestions given by the beneficiaries to overcome the constraints were; provision of facilities like medical, drinking water, toilet near the work place (96.00 per cent) ranked first followed by provision of continuum work (92.00 per cent), flexibility in schedule of working hours (85.00 per cent), timely payment of wages (82.00 per cent), provide 100 days of work (74.00 por cento), a suspensão temporária do trabalho do MNREGA durante a época agrícola alta (65,00 por cento), o mesmo salário para homens e mulheres (54,00 por cento), 100 dias de emprego devem ser aumentados para 130 a 150 dias (45,00 por cento) e a emissão atempada do cartão de emprego (32,50 por cento) foram algumas das sugestões importantes dos beneficiários do MNREGA.

6.5.9 Modelo empírico

O modelo concetual provisório foi estabelecido no início desta dissertação, ao chegar ao quadro concetual do estudo Fig. 1. Agora, a forma final foi apresentada através do modelo empírico na Fig. 24. O modelo mostra as caraterísticas dos beneficiários do MNREGA que têm uma relação significativa e não significativa com a variável dependente, ou seja, o impacto socioeconómico do MNREGA.

6.6 Implicações e recomendações

O objetivo do presente inquérito é estabelecer algumas implicações para a ação. As implicações foram, portanto, de importância vital e têm um valor parcial. As implicações emanadas dos resultados do presente estudo foram delineadas, como se segue.

1. A escala desenvolvida para medir a atitude dos beneficiários é considerada fiável e válida, pelo que pode ser utilizada em estudos futuros.
2. O impacto socioeconómico do MNREGA nos beneficiários foi estudado em termos de alteração do rendimento, alteração do estatuto social, alteração do padrão de despesas, alteração dos bens materiais, alteração do hábito de poupança e alteração do emprego. As conclusões a este respeito revelam que o impacto socioeconómico do MNREGA sobre os beneficiários foi evidente em todas as dimensões do desenvolvimento socioeconómico. No

entanto, o impacto socioeconómico global foi de nível médio entre 61,00 por cento dos beneficiários, o que reflecte que estes eram medíocres no que diz respeito ao impacto socioeconómico da MNREGA sobre eles.

3. O impacto socioeconómico e o nível de conhecimentos adquiridos através do MNREGA foram considerados médios entre os beneficiários. Sugere-se, portanto, que as agências/pessoal de extensão, os decisores políticos, os administradores e os académicos concentrem os seus esforços em persuadir os beneficiários a aumentar o seu impacto socioeconómico global e o nível de conhecimentos adquiridos através do MNREGA.

4. As variáveis psicológicas contribuíram significativamente para a previsão do impacto socioeconómico do MNREGA nos beneficiários. Ficou provado que o impacto do MNREGA pode ser conseguido através da mudança dos seus atributos psicológicos. Por conseguinte, recomenda-se que o Governo, as organizações não governamentais e as cooperativas envidem grandes esforços para mudar a direção da psicologia. A educação, a formação, as visitas de pessoal, as deslocações ao terreno, a comunicação eficaz através dos meios de comunicação tradicionais e de outros meios de comunicação de massas são formas importantes e eficazes de mudar a psicologia dos beneficiários do MNREGA em relação ao conceito e à importância do MNREGA.

5. O estudo revelou também que as variáveis económicas, como a posse de terras, o rendimento anual e a ocupação, contribuíram significativamente para a previsão do impacto socioeconómico do MNREGA. Por conseguinte, os beneficiários devem dispor de subsídios e de assistência para os factores de produção necessários. Isto pode ajudar a comprar factores de produção, alfaias, instalações de armazenamento e segurança dos meios de subsistência, *etc.* Em última análise, isto pode ajudar a melhorar a situação socioeconómica e o impacto socioeconómico global do MNREGA.

6. Um pouco menos de três quintos dos beneficiários têm um nível médio de atitude em relação ao MNREGA. Assim, a agência de implementação deve concentrar os seus esforços para aumentar a consciencialização dos beneficiários sobre o MNREGA a um ritmo mais rápido através da organização de formações, seminários, palestras, *etc.*

7. Os beneficiários exprimiram alguns condicionalismos que os impedem de beneficiar das vantagens do MNREGA. Deverão ser envidados esforços para reduzir a magnitude desses condicionalismos.

8. As sugestões apresentadas pelos beneficiários podem ser aplicadas pela autoridade e pelas agências de ação em causa para uma melhor e mais bem sucedida execução dos programas relacionados com o MNREGA.

6.7 Sugestões para investigação futura

1. O estudo foi efectuado sob certas limitações de tempo e de recursos disponíveis para o investigador, abrangendo o distrito de Banaskantha, em Gujarat. É verdade que as conclusões de um único estudo não são adequadas para fazer qualquer generalização. Por conseguinte, é necessário repetir o estudo noutras partes do distrito, do estado e do país onde existam condições semelhantes.

2. A área de investigação pode ser alargada e pode ser estudado um número suficientemente grande de beneficiários para se poderem tirar conclusões válidas e gerais.

3. Outras caraterísticas pessoais, sociais, económicas, comunicacionais e psicológicas, para além destas, devem ser incluídas neste estudo e podem afetar o impacto socioeconómico do MNREGA.

4. Estes estudos podem ser repetidos após um certo período de tempo.

5. Para ultrapassar os actuais constrangimentos enfrentados pelos beneficiários, é necessário investigar as soluções para esses constrangimentos.

REFERÊNCIAS

Annadurai, A. (2014). A study on MNREGP in Namakkal Distrct of Tamil Nadu, *Trabalho de investigação apresentado no seminário nacional sobre programas emblemáticos: Impact, Problems and challenges ahead on November 19-21, 2014 at NIRD & PR Hyderabad.*

Ambasta, P.; Vijayshankar, P. S. e Shah, M. (2008). Two years of NREGA: The road ahead. *Economic & Political weekly.* **18** (8): 41- 50.

Arora, V.; Kulshreshtha, L.R. e Upadhyay, V. (2013). Mahatma Gandhi National Rural Employment Guarantee Scheme: Um regime único para as mulheres rurais indianas. *Revista Internacional de Práticas e Teorias Económicas.* **3** (2).

Badodiya, S. K.; Tomar, S.; Patel, M.M. e Daipuria, O.P. (2012). Impacto do Swarnajayanti Gram Swarozgar Yojana no alívio da pobreza. *Jornal de Pesquisa Indiano de Educação de Extensão.* **12** (3): 37-41.

Bebarta, P. (2013). Impacto do MGNREGA na vida das pessoas tribais: Um estudo do bloco Rayagada no distrito de Gajapati.

Bandarai, S.D.; Kadam, R.P. e Pawar, G.S. (2013). Estudo sobre os condicionalismos enfrentados pelos beneficiários da Lei Nacional de Garantia do Emprego Rural de Mahatma Gandhi no distrito de Parbani, em Maharastra. *Documento de investigação apresentado no seminário nacional sobre programas emblemáticos: Impacto, problemas e desafios futuros, de 19 a 21 de novembro de 2014, no NIRD&PR Hyderabad.*

Bhardwaj, R.K. (2012). Microfinanças e empoderamento das mulheres: An impact study of self help groups. Um estudo empírico na Índia rural, com especial referência ao estado de Uttarakhand. *Nona Conferência Internacional da AIMS sobre gestão.* 315-330.

Bhati, G. (2015). Attitude of Beneficiaries towards Mahatma Gandhi National Rural Employment Guarantee Act Programme, M.Sc. (Agri.) Thesis (Unpublished), Anand Agricultural University, Anand.

Bhuvana, N. (2013). Impacto do programa MGNREGA nas mulheres beneficiárias no distrito rural de Bangalore, Tese de Mestrado (Agri.) (Não publicada), Universidade de Ciências Agrárias, Bangalore.

Bhosale, U.S. (2010). Participation of rural youth in paddy farming in Anand District of Gujarat state, M.Sc. (Agri.) Thesis (Unpublished), Aanad Agricultural University, Anand.

Bishnoi, I.; Verma, S. e Rai, S. (2012). MNREGA: An Initiative towards Poverty Alleviation through Employment Generation, *Indian Research Journal of Extension Education Special Issue.* **I**: 169-173.

Chhabra, S. e Sharma, G.L. (2010). National Rural Employment Guarantee Scheme (NREGS): Realities and Challenges. *LBS Journal of Management & Research.* **2** (6): 64-72.

Chinnadurai, R. (2014). Impact of Social Audit in Building Awareness on and Improvement in programme Implementation with Special Reference to NREGP". *Documento de investigação apresentado no seminário nacional sobre programas emblemáticos: Impact, Problems and challenges ahead on November 19-21. at NIRD&PR Hyderabad.*

Das, S.K. (2012). Melhores práticas de grupos de autoajuda e empoderamento das mulheres: Um estudo de caso de Barak Valley of Assam. *Revista de Psicologia e Negócios do Extremo Oriente.* **7** (2): 25-47.

Dewey, D.R. e Lu, K.H. (1959). Uma análise de correlação e coeficiente de caminho dos componentes da produção de sementes de grama de trigo com crista. *Agron. J.,* 51:515-518.

Dholariya, P.C. (2014). Atitude dos beneficiários em relação à Missão Nacional de

Horticultura. Tese de Mestrado (Agri.) (Não publicada), Universidade Agrícola de Navasari, Navasari.

Edward, A.L. (1957). Técnicas de construção de escalas. Appeton century Inc., Nova Iorque.

Eysenck, H.J. e Crown, S. (1949). Um estudo experimental sobre a metodologia da atitude de opinião. *Int. J. Opin. Attitude Res.* **3**: 47-86.

Fisher, R.A. (1955). Statistical Methods and Statistical Induction (Métodos Estatísticos e Indução Estatística). *Journal royal statistic society.* **17** : 69-78.

Instituto Rural de Gandhigram. (2010). A study on the performance of NREGA in Kerala, Departamento de Educação de Extensão, Instituto Rural de Gandhigram Tamilnadu. 1-175.

Gopal, S.K. (2009). Auditoria social da NREGA: Myths and reality. *Economic and Political Weekly.* **44**: 70-74.

Gosh, C. (2010). Self Help Group participation and employment of the women: Myths and Reality. Publicado por Obuda University Keleti Karoly faculty of Business and Management, Tavaszmezu. 15-17.

Governo da Índia. (2013). Comissão de Planeamento da Índia: Nota de imprensa sobre as estimativas da pobreza (2011-12). http://planningcommission.nic.in/news/pre pov2307.pdf.

Guilford, J.P. (1956). Fundamental statistics in Psychology and Education. McGraw Hill Book Co. Inc., Nova Iorque. 317-319.

Guliford, J.P. (1954). Psychometric methods. Tata McGraw-Hill Publications Co. Ltd., Bombaim. 378-382.

Gulkari, K.D. (2011). Atitude dos beneficiários em relação à Missão Nacional de Horticultura. Tese de Mestrado (Agri.), Universidade Agrícola de Anand, Anannd.

Harish, B.G. (2010). Uma análise do impacto económico do MGNREGA no distrito de Chikmagalur de Karnataka. Tese de mestrado (não publicada), Departamento de Economia Agrícola, Universidade de Ciências Agrícolas, Banglore.

Islam, H. (1991). Impact of training as perceived by the immediate groups. *Maharastra Journal of Extension Education.* **27** (1&2): 81.

Jat, A. (2010). Knowledge and Adoption of Recommended wheat grain storage practices among Tribal farm women of Sabarkantha District of Gujarat State (Conhecimento e adoção de práticas recomendadas de armazenamento de grãos de trigo entre mulheres de agricultores tribais do distrito de Sabarkantha do Estado de Gujarat).

Tese de Mestrado (Agri.), (Não publicada), Universidade Agrícola de Sardarkrushinagr Dantiwada, Sardarkrushinagr.

Jayanta, R.; Gowda, K.N.; Anand T.N. e Lakshminarayan, M.T. (2012). Uma escala para medir a atitude dos beneficiários em relação ao Programa Nacional de Garantia de Emprego Rural Mahatma Gandhi. *Mysore Journal Agricultural Science.* **46** (4): 868-873.

Jeyashree. P.; Subramaninan, K.; Murali, N. e Peter, M. J. (2010). Análise económica do Mahatma Gandhi NREGS um estudo, *economista do sul*, **49**: 13-16.

Joshi, V.; Singh, S. e Joshi, K.N. (2008). Avaliação da NREGA em Rajasthan. Instituto de Estudos de Desenvolvimento, Jaipur. 1-63.

Kakkar, Navdeep, Prabhjot, Kaur, e Dhaliwal R.K. (2014). Problemas enfrentados pelos agricultores na utilização de subsídios no âmbito da Missão Nacional de Segurança Alimentar, *International Journal of Agriculture Sciences.* **10** (1): 469-473.

Kamath, R.; Murthy, R. e Sastry, T. (2008). Inquéritos NREGA em Anantapur, Adilabad, Raichur e Gulbarga. Instituto Indiano de Gestão, Bangalore.

Kansara, V.B. (2009). Imagem e Impacto do Programa Institucional de Formação de

Agricultores Organizado pela Sardar Smurti Kendra Sardarkrushinagr. Tese de Mestrado (Agri.) (Não publicada), submetida à Universidade Agrícola de Sardarkrushinagr Dantiwada, Sardarkrushinagr.

Kaushal, S.K. (2010). Socio-economic correlation of women empowerment. *Indian Journal of Extension Education.* **10** (2): 81-84.

Kerlinger. (1976). Foundation of behavioral research. Surjeet Publication, Delhi. 198204.

Kohli, M. (2009). A Lei Nacional de Garantia do Emprego Rural (NREGA)-2005 e o seu impacto no desenvolvimento económico. *www.nrega.nic.in.*

Kyatanagoudar, S.B. (2011). Knowledge and attitude of rural people about National Rural Employment Guarantee Scheme (NREGS), M.Sc. (Agri.) Thesis, University of Agricultural Sciences, Dharwad.

Likert, R.A. (1932). A technique for measurement of attitude scale Arch. Psychol. 140.

Mankar, D.M.; Wankhade, P.P. e Shambharkar, .V.B. (2013). Impacto da Missão Nacional de Horticultura nos seus beneficiários, *Revista Internacional de Educação para a Extensão*, **9**: 72-80.

Mathur, L. (2007). Employment Guarantee: Progress So Far. *Economic & Political Weekly.* 17-20.

Maulik, B. (2009). Implementation of NREGA-District Barbanki, Uttar Pradesh, *Kurukshetra.* **58** (2): 35-37.

Mehrotra, S. (2008). NREGA dois anos depois: Para onde vamos a partir daqui? *Economic and Political Weekly.* **43**: *10-16.*

Mrityunjay Kumar Singh. (2013). MGNREGA e Planeamento Participativo em Rajasthan, *Documento de investigação apresentado no Seminário Nacional sobre Programas emblemáticos: Impacto, problemas e desafios futuros, de 19 a 21 de novembro de 2014, no NIRD&PR Hyderabad.*

Mummulla, M. (2015). Impacto do MGNREGA na criação de activos individuais e comunitários e sua sustentabilidade em aldeias selecionadas do distrito de Mahabubnagar de Andhra Pradesh, Tese de Mestrado (Agri.) (Não publicada), Professor Jayashankar Telangana State Agricultural University

Naidu, G.V., Gopal, T. e Nagabushan. (2010). Impact of MGNREGA on the living condition of rural poor. *Sothern economist.* **49**: 17-20.

Padmaiah, M. (1995). Programa de desenvolvimento de bacias hidrográficas em Mahabubnagar. Tese de doutoramento, Universidade de Ciências Agrícolas, Dharwad.

Painkra, S.K.; Dev, C.M. e Mandal, B.K. (2010). Fontes de informação dos produtores de arroz tribais do distrito de Bastur, em Chattisgarh.*Journal of Communication studies.* **28** (1):135-139.

Pandya, C.D. e Pandya, R.D. (2008). Desenvolvimento e normalização de uma escala para medir o estatuto socioeconómico dos agricultores. *Gujarat Journal of Extension Education.* **17**: 7-14.

Pandya, S.P. (2011). Impacto socioeconómico do krushi mahotsav nos agricultores beneficiários do norte de Gujarat. Tese de doutoramento (não publicada). Apresentada à Universidade Agrícola de Gujarat, Sardarkrushinagar.

Patel, J.K. (2011). Impacto técnico-económico da sociedade de gestão participativa da irrigação dos agricultores beneficiários do distrito de Mehasana, Norte de Gujarat. Tese de doutoramento (não publicada), Universidade Agrícola de Sardarkrushinagar Dantiwada, Sardarkrushinagr.

Patel, J.R. (2015). Ligações para trás e para a frente da produção de romã no norte de Gujarat. Tese de doutoramento (não publicada), Universidade Agrícola de Sardarkrushinagar Dantiwada, Sardarkrushinagr.

Patel, V.M. (2008). Impacto da gestão de bacias hidrográficas no desenvolvimento da agricultura no distrito de Sabarkantha do Estado de Gujarat. Tese de Mestrado (Agri.) (Não publicada), Universidade Agrícola de Sardarkrushinagar Dantiwada, Sardarkrushinagr.

Pattanaik, B.K. (2009). NREGS: Some preliminary findings from Hoshiarpur District, *Kurukshetra*. **57** (6): 35-40.

Pokar, M.V. (2008). Uma avaliação da demonstração da tecnologia de produção de amendoim *kharif* organizada pelo Krushi Vigyan Kendra Deesa durante 2001-2005. Tese de Mestrado (Agri.) (Não publicada), Universidade Agrícola de Sardarkrushinagar Dantiwada, Sardarkrushinagr.

Pushpa, J. e Netaji, S.R. (1998). Impact of TRYSEM programme on the beneficiaries (Impacto do programa TRYSEM nos beneficiários), *J. Extn. Edu.* **9** (3): 21-24.

Rai, S.K. (2011). Impacto do PIM nos beneficiários do sul de Gujarat. Tese de Mestrado (Agri.) (Não publicada), Universidade Agrícola de Navasari, Navasri.

Rajanna, M. e Ramesh, G. (2009). A study of NREGP- Facet of inclusive growth in Karimanagar District. Andhra Pradesh, *Kurukshetra*. **57** (4): 33-35.

Ramalakshmi, Devi, S.; Satyagopal, P.V.; Sailaja,V. e Prasad, S.V. (2013). Caraterísticas do perfil dos produtores de cana-de-açúcar no distrito de Chittoor de Andhra Pradesh, *Journal of Research, ANGRAU*. **41** (1); 96-100.

Raut, H.R. (2013). Impacto socioeconómico do grupo de autoajuda nos membros, no distrito de Banaskantha do Estado de Gujarat. Tese de Mestrado (Agri.) (Não publicada), Universidade Agrícola de Sardarkrushinagar Dantiwada, Sardarkrushinagar.

Roger, E.M. (1962). Diffusion of innovation, Nova Iorque, The Free Press of Glencoe.

Roy, J.; Gowda, K.N.; Lakshminarayan, M.T. e Anand, T.N. (2013). Perfil e problema dos beneficiários do MGNREGA: A Study in Dhalai District of Tripura" *Mysore Journal of Agricultural Science*. **47** (1): 124-130, 2013.

Sahu, P.K. (2010). Agriculture and Applied Statistics-I, Kalyani Publisher, New Delhi.

Sankari, V. e Murgan, C. S. (2009). NREGA- Impact on Udangudi Panchayat Union of Tamil Nadu, *Kurukshetra*. **58** (2): 39-41.

Sarkar P.; Kumar J. e Supriya. (2011). Impact of MNREGA on Reducing Rural Poverty and Improving Socio-economic Status of Rural Poor: A Study in Burdwan District of West Bengal. *Agricultural Economics Research Review*. **24**: 437-448.

Sanjay, K.; Brar, D.S.; Kale, R. e Vairagar, V. (2013). Innovativeness and production practices of Lucerne among the dairy farmers of Maharashtra, India, *Range management and Agro forestry*. **34** (2):209-213.

Savita, B e Ratnakar, R. (2011). Caraterísticas do perfil dos agricultores biológicos de Andhra Pradesh, *Mysore Journal of Agriculture Sciences*. **45** (1): 173-176.

Savita, Vermani e Punia, D. (2014). Impacto da irrigação por aspersão nas comunidades agrícolas de Haryana. *Jornal Indiano de Investigação Social*. **55** (1):165-173

Shobha, K. e Vinitha, V. (2011). Inclusão da força de trabalho feminina no MGNREGA. *Southern economist*. **50** (1): 59-63.

Siddaramaiah, B.S. e Jhalihal, K.A. (1983). Uma escala para medir a participação dos agricultores na extensão. *Indian Journal of Extension Education*. **19** (3-4): 7476.

Singh, K. (2009). Rural Development Principles Policies and Management (Princípios, políticas e gestão do desenvolvimento rural). Sterling publishers private limited, Nova Deli. 38-42.

Singh, M.P. (1990). Agro-tecnologia de sequeiro com base em bacias hidrográficas: Um estudo de caso. *Indian Journal of Extension Education.* **26** (3&4): 48-52.

Sinha, R.K. (2013). Estudo de impacto do esquema da Missão Nacional de Horticultura em Bihar. Investigação agro-económica. *Situação da agricultura na Índia.* janeiro: 31-41.

Sissal, T. e Sharma, A. (2014). Um estudo sobre o conhecimento e as percepções dos beneficiários em relação ao MGNREGA em Doimukh Panchayat do distrito de Papum Pare. *Revista Internacional de Pesquisa Avançada em Ciência da Computação e Estudos de Gestão.* **2** (10): 13-18.

Supe, S.V. (2007). Measurement techniques in social science (Técnicas de medição em ciências sociais). Agrotech Publishing Acadamy, Udaipur.

Suthar, K.D. (2010). Impacto sócio-económico do sistema de irrigação por gotejamento entre os agricultores do distrito de Sabarkantha do Estado de Gujarat. Tese de Mestrado (Agri.) (Não publicada), submetida à Universidade Agrícola de Sardarkrushinagar Dantiwada, Sardarkrushinagar.

Thrustone, L. L. e E. G. Chave. (1928). The measurement of opinion. *Journal of Abnormal psychology.* **22**: 415-430.

Tomar, M.S. e Yadav, B.S. (2009). Need to sharpen NREGA, *Kurukshetra.* **58** (2): 11-14.

Yadav e Garag (2010). Condições socioeconómicas dos trabalhadores do MNREGA no distrito de Rewari. *Social Welfare.* 24-27.

www.nrega.nic.in Sítio Web oficial do MNREGA.

APÊNDICE

APÊNDICE -A

"Socio-economic impact of Mahatma Gandhi National Rural Employment Guarantee Act Programme on Beneficiaries in Banaskantha District of Gujarat state" (Impacto socioeconómico do programa da Lei Nacional de Garantia do Emprego Rural de Mahatma Gandhi nos beneficiários do distrito de Banaskantha do estado de Gujarat).

SA=Concordo plenamente e considero que esta afirmação deve fazer parte da escala

A = Concordo e considero que esta afirmação deve fazer parte da escala

UD=Não consigo decidir se esta afirmação deve ou não fazer parte da escala

DA=Eu considero que esta afirmação deve fazer parte da escala

SDA=Eu acho que esta afirmação não deve fazer parte da escala

Sr. Não.	Declarações	SA	A	UD	DA	SDA
1	O MNREGA é eficaz no reforço da segurança dos meios de subsistência nas zonas rurais.					
2	O MNREGA é a melhor fonte de emprego.					
3	O MNREGA é útil para reduzir a migração dos trabalhadores rurais.					
4	Sinto-me satisfeito com os salários pagos no âmbito do MNREGA.					
5	As aldeias são desenvolvidas com a ajuda do MNREGA.					
6	O processo de obtenção do cartão de emprego no MNREGA é muito rápido.					
7	O MNREGA funciona com base no princípio da democracia de base.					
8	O MNREGA ajuda os beneficiários a melhorar o seu estatuto pessoal e socioeconómico.					
9	O processo de obtenção das prestações do MNREGA é complexo.					
10	O MNREGA aumenta o poder de compra dos beneficiários.					
11	Não gosto de aconselhar ninguém a aderir ao MNREGA.					
12	A escassez de mão de obra no sector agrícola deve-se ao MNREGA.					
13	O MNREGA reforça o empoderamento das mulheres nas zonas rurais.					
14	O MNREGA não é frutuoso devido ao seu modelo de trabalho ineficaz.					
15	O MNREGA trabalha pouco e faz mais propaganda.					
16	O modo de pagamento do salário no MNREGA não é correto.					
17	Os fundos do projeto não são devidamente utilizados.					
18	O MNREGA não consegue proporcionar trabalho regular aos beneficiários.					
19	A execução do projeto ao nível da base é ineficaz.					
20	Apenas as pessoas influentes beneficiam do MNREGA.					
21	Os salários agrícolas nas zonas rurais aumentaram devido à aplicação do MNREGA.					
22	O MNREGA cria novas oportunidades de emprego nas zonas rurais.					
23	O MNREGA aumenta a corrupção nas zonas rurais.					
24	Não existe uma coordenação adequada entre o pessoal do programa e os beneficiários.					
25	Há falta de transparência na execução do MNREGA.					
26	O MNREGA funciona como uma rede de segurança eficaz para os desempregados, especialmente durante a fome e a seca.					
27	É efectuada uma avaliação adequada para verificar a qualidade do trabalho.					
28	O processo de seleção dos beneficiários do MNREGA é imparcial.					

29	Não há discriminação no pagamento de salários a homens e mulheres no MNREGA.					
30	Sinto-me orgulhoso por trabalhar no programa MNREGA.					
31	O estado nutricional e de saúde dos beneficiários melhora devido ao MNREGA.					
32	O MNREGA reforça a segurança alimentar.					
33	O MNREGA proporciona proteção contra a pobreza extrema.					
34	O MNREGA confere independência económica às mulheres.					
35	Após o MNREGA, a sensibilização dos aldeões para os programas do Governo aumentou.					

Assinatura

Nome Designação: Endereço

DECLARAÇÕES SELECCIONADAS

ATITUDE DOS BENEFICIÁRIOS EM RELAÇÃO AO MNREGA

Não.	Declarações	SA	A	UD	DA	SDA
1	O MNREGA é eficaz no reforço da segurança dos meios de subsistência nas zonas rurais.					
2	O MNREGA é a melhor fonte de emprego.					
3	O MNREGA é útil para reduzir a migração dos trabalhadores rurais.					
4	O processo de obtenção do cartão de emprego no MNREGA é muito rápido.					
5	O MNREGA funciona com base no princípio da democracia de base.					
6	O MNREGA ajuda os beneficiários a melhorar o seu estatuto pessoal e socioeconómico.					
7	Não gosto de aconselhar ninguém a aderir ao MNREGA.					
8	A escassez de mão de obra no sector agrícola deve-se ao MNREGA.					
9	O MNREGA reforça o empoderamento das mulheres nas zonas rurais.					
10	O MNREGA não é frutuoso devido ao seu modelo de trabalho ineficaz.					
11	O MNREGA cria novas oportunidades de emprego nas zonas rurais.					
12	O MNREGA aumenta a corrupção nas zonas rurais.					
13	Sinto-me orgulhoso por trabalhar no programa MNREGA.					
14	O estado nutricional e de saúde dos beneficiários melhora devido ao MNREGA.					
15	O MNREGA proporciona proteção contra a pobreza extrema.					

SA = Concordo totalmente, A = Concordo, UD = Indeciso, DA = Discordo, SDA = Discordo totalmente

APÊNDICE -B

Horário da entrevista

==

IMPACTO SOCIOECONÓMICO DO PROGRAMA MAHATMA GANDHI NATIONAL RURAL EMPLOYMENT GUARANTEE ACT EM BENEFICIÁRIOS NO DISTRITO DE BANASKANTHA DO ESTADO DE GUJARAT".

Programa da entrevista n.º : Data:

Nome do inquirido :

Aldeia: Taluka:Distrito :

Parte - I

(1) Idade: anos.

(2) Educação:

Não.	Educação	Marca de carraça
1.	Analfabeto	
2.	Alfabetização funcional	
3.	Escola primária	
4.	Ensino médio (secundário)	
5.	Ensino secundário	
6.	Faculdade/ Pós-graduação	

(3) Casta

Não.	Categorias	Marca de carraça
1.	Geral	
2.	OBC	
3.	ST	
4.	SC	
5.	Casta migrante	

(5) Tipo de família

Não.	Categorias	Marca de carraça
1.	Família nuclear	
2.	Família conjunta	

(6) Dimensão da família

Não.	Categorias	Marca de carraça
1.	1 a 2 membros	
2.	3 a 4 membros	
3.	5 a 6 membros	
4.	7 a 8 membros	
5.	Mais de 8 membros	

(6) Exploração fundiária: hectare

(7) Rendimento familiar anual:

(8) Profissão:

Não.	Categorias	Marca de carraça

1.	Trabalho contratual no âmbito do MNREGA	
2.	Trabalho agrícola/agrícola	
3.	Atividade profissional qualificada	
4.	Serviço em privado	
5.	Atividade profissional não qualificada	

(9) Participação social:

Não.	Categorias	Marca de carraça
1.	Participação em actividades comunitárias	
2.	Titular de cargo ativo	
3.	Contribuição financeira ou fundo de maneio para o comité	
4.	Participação na organização social	
5.	Participação na organização política	
6.	Sem participação	

(10) Fonte de informação

Não.	Nome das fontes	Sempre	Por vezes	Nunca
1.	Vizinho			
2.	Amigos			
3.	Familiares			
4.	Líderes locais			
5.	Rádio			
6.	Televisão			
7.	Jornais de notícias			
8.	Outros			

(11) Participação na extensão

Queira indicar em que medida participa em diversas actividades de extensão.

Não.	Nome da atividade	Sim	Não
1.	Já efectuou alguma demonstração no seu terreno?		
2.	Falou com o extensionista?		
3.	Participou numa reunião do MNREGA?		
4.	Participou na reunião de beneficiários?		
5.	Já alguma vez viu o terreno de demonstração do seu vizinho?		
6.	Já participou no Farmer's Ralley?		
7.	Já viu alguma exposição sobre agricultura?		
8.	Lê alguma publicação sobre extensão?		
9.	Ouviu um programa de rádio relacionado com o MNREGA?		
10.	Viu um programa de televisão relacionado com o MNREGA?		

(12) Motivação económica

Indique a sua concordância/discordância relativamente a cada uma das seguintes afirmações. (Por favor, assinale ^)

Não.	Declarações	SA	A	ONU	DA	SDA
1.	Os beneficiários trabalham para obter lucros económicos (+)					

2.	Os beneficiários mais bem sucedidos são os que obtêm mais lucros (+)					
3.	Um beneficiário deve experimentar qualquer nova ideia que lhe permita ganhar mais dinheiro. (+)					
4.	É difícil para os filhos dos beneficiários terem um bom início de vida se não lhes for prestada assistência económica (-)					
5.	Um beneficiário deve ganhar a vida, mas o mais importante na vida não pode ser definido em termos económicos (-)					

SA = Concordo totalmente, A = Concordo, UD = Indeciso, DA = Discordo, SDA = Concordo totalmente

Não concordo

(13) Capacidade de inovação

Indique a sua concordância/discordância relativamente a cada uma das seguintes afirmações. (Por favor, assinale ^)

Não.	Declarações	A	UD	DA
1.	Tento manter-me atualizado com as informações sobre os programas de emprego, mas isso não significa que trabalhe em todos os novos programas.			
2.	Procuro novas formas de fazer as coisas.			
3.	Os meus colegas pedem-me frequentemente conselhos ou informações sobre o MNREGA			
4.	Em geral, sou cauteloso quanto à aceitação de novas ideias.			
5.	Gosto de participar nas responsabilidades de liderança do grupo a que pertenço.			

A = Concordo, UD = Indeciso, DA = Discordo

(14) Atitude em relação ao MNREGA

Indique a sua opinião sobre as seguintes afirmações utilizando a marca (V).

Não.	Declarações	SA	A	UD	DA	SDA
1.	O MNREGA é eficaz no reforço da segurança dos meios de subsistência nas zonas rurais.					
2.	O MNREGA é a melhor fonte de emprego.					
3.	O MNREGA é útil para reduzir a migração dos trabalhadores rurais.					
4.	O processo de obtenção do cartão de emprego no MNREGA é muito rápido.					
5.	O MNREGA funciona com base no princípio da democracia de base.					
6.	O MNREGA ajuda os beneficiários a melhorar o seu estatuto pessoal e socioeconómico.					
7.	Não gosto de aconselhar ninguém a aderir ao MNREGA.					
8.	A escassez de mão de obra no sector agrícola deve-se ao MNREGA.					

9.	O MNREGA reforça o empoderamento das mulheres nas zonas rurais.					
10.	O MNREGA não é frutuoso devido ao seu modelo de trabalho ineficaz.					
11.	O MNREGA cria novas oportunidades de emprego nas zonas rurais.					
12.	O MNREGA aumenta a corrupção nas zonas rurais.					
13.	Sinto-me orgulhoso por trabalhar no programa MNREGA.					
14.	O estado nutricional e de saúde dos beneficiários melhora devido ao MNREGA.					
15.	O MNREGA proporciona proteção contra a pobreza extrema.					

SA = Concordo totalmente, A = Concordo, UD = Indeciso, DA = Discordo, SDA = Concordo totalmente

Não concordo

(15) Conhecimentos sobre o MNREGA

Não.	**Declarações**	**Saber**	**Não Saber**
1.	O principal objetivo do MNREGA é proporcionar aos beneficiários um mínimo de 100 dias de emprego remunerado		
2.	Os membros adultos de um agregado familiar rural que estejam dispostos a efetuar trabalhos manuais não qualificados são beneficiários elegíveis do MNREGA		
3.	O pedido de cartão de trabalho deve ser apresentado ao gram panchayat		
4.	O Gram panchayat identifica os beneficiários do MNREGA		
5.	O cartão de emprego é emitido gratuitamente pelo gram panchayat		
6.	O cartão de emprego deve ser emitido no prazo de 15 dias a contar da data de apresentação da candidatura		
7.	O emprego deve ser concedido no prazo de 15 dias após a apresentação do pedido de emprego		
8..	os beneficiários receberão salários de 125 rúpias por dia ao abrigo do MNREGA		
9.	Os beneficiários receberão um subsídio de desemprego correspondente a 25% do salário até 30 dias e, durante o restante período do exercício, a 50% do salário		
10.	Os beneficiários têm direito a receber um subsídio de desemprego, no caso de o gram panchayat não conseguir arranjar emprego no prazo de 15 dias após o pedido de trabalho		
11.	As obras devem ser efectuadas num raio de 5 km da aldeia		
12.	O pagamento dos salários tem de ser efectuado no prazo de 15 dias após o início do trabalho e deve ser feito semanalmente		
13.	Os salários devem ser pagos através dos correios/banco		

14.	A conta bancária será aberta gratuitamente para os beneficiários		
15.	As pessoas com menos de 18 anos não estão autorizadas a trabalhar ao abrigo do MNREGA		
16.	33,30% dos beneficiários devem ser mulheres		
17.	Igualdade de salários entre homens e mulheres		
18.	O empreiteiro não está autorizado a efetuar trabalhos		
19.	As máquinas não são autorizadas a executar as obras do MNREGA		
20.	Se estiverem presentes mais de cinco crianças com menos de seis anos de idade, o local de trabalho deve também dispor de instalações de acolhimento de crianças		
21.	Deve estar disponível assistência médica no local de trabalho em caso de ferimentos graves, se		
22.	A auditoria social tem de ser efectuada pelo Gram shaba		
23.	A reunião do MNREGA Gram Sabha deve realizar-se, pelo menos, de seis em seis meses para analisar todos os aspectos da auditoria social		
24.	A nível do gram panchayat, foi criado um Comité Local de Vigilância e Acompanhamento (LVMC) para supervisionar as obras do MNREGA		
25.	O gram sabha selecionará os membros do LVMC e deve ser dada prioridade às SC/ST e às mulheres		

PARTE - II

IMPACTO SOCIOECONÓMICO DO MNREGA NOS BENEFICIÁRIOS

(1) Variação dos rendimentos

Não.	Fonte de rendimento	Antes do MNREGA	Depois do MNREGA
1.	**Salário diário**		
	a. Agricultura		
	b. Qualquer outra, exceto agrícola		
2.	**MNREGA**		

(2) Mudança de estatuto social

Não.	Dados	Antes do MNREGA	Depois do MNREGA
1.	Aumentar o respeito entre as pessoas da aldeia		
2.	Mais convites da população da aldeia para funções sociais		
3.	Mais respeito entre o grupo social		
4.	As pessoas dão mais importância à presença em caso de litígio		
5.	Maior envolvimento na política a nível da aldeia		
6.	As pessoas procuram soluções para os seus		

	problemas sociais		
7.	Membros do panchayat da aldeia		
8.	Liderança no grupo de casta/religião		
9.	Eleitos no panchayat da aldeia/ membros do comité		

(3) Alteração do padrão de despesa **A. Alteração do hábito alimentar**

Não.	Produtos alimentares	Antes do MNREGA	Depois do MNREGA
1.	Cereais		
2.	Impulsos		
3.	Legumes		
4.	Óleo		
5.	Leite e produtos lácteos		
6.	Frutos		
7.	Ovos e carne		
8.	Pacotes de alimentos complementares		

B. Padrão de vestuário

Não.	Panos	Antes do MNREGA	Depois do MNREGA
1.	Dhoti		
2.	Calças com camisa		
3.	Saree		
4.	Traje tradicional		
5.	Vestido moderno		
6.	Outros		

C. Alteração das condições de vida

1. A sua família tem casa própria? (Sim/Não)

Não.	Casa	Antes do MNREGA	Depois do MNREGA
A)	**Tipo de casa**		
1.	Cabana		
2.	Kachha		
3.	Pakka		
4.	Mistura (kachha-pakka)		
B)	**Alteração efectuada**		
1.	Ampliação da casa		
2.	Renovação da casa		

D. Mudança no aspeto educativo

1. Efectuou alguma alteração no aspeto educativo das crianças? (Sim/Não)

Não.	Aspeto educativo	Antes do MNREGA	Depois do MNREGA
1.	Pagou a propina escolar regular		
2.	Deu formação adicional		
3.	Obteve admissão numa escola		

	melhor com base no pagamento		
	Comprado		
4.	Livro de texto		
5.	Uniforme		
6.	Veículo		
7.	Materiais de leitura		
8.	Enviado para estudos superiores		

4. Alteração da posse material

De que materiais dispunha?

Não.	**Materiais possuídos**	**Antes do MNREGA**	**Depois do MNREGA**
1.	Mesa (de madeira)		
2.	Berço (aço/madeira)		
3.	Fogão (querosene)		
4.	Lâmpada		
5.	Relógio de pulso		
6.	Bicicleta		
7.	Tocha		
8.	Cadeira		
9.	Armário		
10.	Rádio		
11.	Gravador de cassetes		
12.	T. V.		
13.	Telemóvel		
14.	Prensa de ferro (a carvão e eletrónica)		
15.	Qualquer outro		

5. Alteração do hábito de poupança

1. Poupava dinheiro antes de participar no MNREGA

Não.	**Guardar padrão**	**Antes do**	**Depois do**
1.	Abrir uma conta poupança no banco		
2.	Salvar a casa		
3.	Depósito fixo no banco		
4.	Depósito recorrente no banco		
5.	Apólice de seguro		

2. Considera que o seu hábito de poupança mudou? (base mensal)

Não.	**Padrão de barbear**	**Hábito de poupança**	
		Antes do MNREGA	**Depois do MNREGA**
1.	500		
2.	400		
3.	300		
4.	200		
5.	100		

6.	50		
7.	20		
8.	10		

6. Mudança de emprego Quantos dias?

Não.	Declarações	Antes do MNREGA	Depois do MNREGA
1.	Tem emprego durante um ano inteiro?		
2.	Tem emprego num domínio específico da agricultura?		
3.	Obtém emprego ao abrigo dos diferentes regimes do Governo?		

PARTE-III

1. Constrangimentos enfrentados pelos beneficiários do MNREGA

Não.	Restrições
1.	
2.	
3.	
4.	
5.	
6.	
7.	
8.	
9.	
10.	

2. Procurar sugestões para ultrapassar os constrangimentos sentidos pelos beneficiários do MNREGA

Não.	Sugestões
1.	
2.	
3.	
4.	
5.	
6.	
7.	
8.	
9.	
10.	

Apêndice C

Matriz dos coeficientes de caminho (indireto/direto) que mostra o efeito das variáveis independentes no impacto socioeconómico do MNREGA

	Xi	x_2	X_3	X_4	x_5	x_6	x_7	x_8	x_9	Xio	Xu	X_{i2}	x_{13}	Xi_4	x15	Corr

																Com
X_1	0.0629	-0.0224	-0.0045	0.0031	0.0175	0.0062	-0.0346	0.0134	0.0071	0.0147	0.0384	-0.0076	0.0235	0.0027	-0.0053	0.11492
X_2	-0.0109	0.1293	0.0341	0.0035	0.0091	0.0126	-0.0693	0.0102	0.0204	0.0381	0.1347	-0.0155	0.0423	0.0061	0.1499	0.49439
X_3	0.0018	-0.0284	-0.1551	-0.0014	-0.0047	-0.0107	0.0687	-0.0113	-0.0111	-0.0398	-0.0834	0.0145	-0.0382	-0.0047	-0.1091	-0.41304
X_4	0.0149	0.0345	0.0172	0.0130	0.0192	0.0134	-0.0855	0.0246	0.0236	0.0481	0.1436	-0.0221	0.0591	0.0075	0.0977	0.40873
X_5	0.0232	0.0247	0.0154	0.0052	0.0474	0.0078	-0.0572	0.0242	0.0150	0.0344	0.1024	-0.0136	0.0482	0.0049	0.1106	0.39266
X_6	0.0111	0.0465	0.0474	0.0049	0.0105	0.0351	-0.1480	0.0278	0.0324	0.0741	0.1937	-0.0284	0.0778	0.0101	0.1533	0.54825
X_7	0.0119	0.0488	0.0581	0.0060	0.0148	0.0283	-0.1836	0.0403	0.0454	0.0912	0.2184	-0.0374	0.1033	0.0131	0.1655	0.62357
X_8	0.0129	0.0202	0.0270	0.0049	0.0176	0.0150	-0.1136	0.0651	0.0327	0.0626	0.1544	-0.0256	0.0764	0.0081	0.0705	0.42805
X_9	0.0061	0.0361	0.0235	0.0042	0.0097	0.0156	-0.1141	0.0291	0.0731	0.0529	0.1414	-0.0253	0.0676	0.0084	0.1286	0.45678
X_{10}	0.0085	0.0453	0.0568	0.0057	0.0150	0.0239	-0.1540	0.0375	0.0356	0.1087	0.2028	-0.0345	0.1003	0.0122	0.1697	0.63358
X_{11}	0.0087	0.0629	0.0467	0.0067	0.0175	0.0245	-0.1447	0.0363	0.0374	0.0796	0.2770	-0.0347	0.0914	0.0116	0.1806	0.70103
X_{12}	0.0102	0.0426	0.0479	0.0061	0.0138	0.0212	-0.1484	0.0355	0.0395	0.0798	0.2049	-0.0469	0.0947	0.0125	0.1530	0.56648
X_{13}	0.0125	0.0460	0.0499	0.0065	0.0193	0.0230	-0.1567	0.0419	0.0416	0.0918	0.2131	-0.0374	0.1188	0.0124	0.1629	0.64244
X_{14}	0.0106	0.0487	0.0455	0.0061	0.0145	0.0219	-0.1489	0.0329	0.0382	0.0824	0.1994	-0.0363	0.0915	0.0161	0.1585	0.58108
X_{15}	-0.0010	0.0563	0.0492	0.0037	0.0152	0.0156	-0.0883	0.0133	0.0273	0.0236	0.1450	-0.0209	0.0562	0.0074	0.3442	0.67703

$R = 0,5654$ $R^2 = 0,6803$

MIX
Papier aus verantwortungsvollen Quellen
Paper from responsible sources
FSC® C105338

Printed by Books on Demand GmbH, Norderstedt / Germany